高职高专自动化类专业高素质系列改革教材

机加工实训

王立波 主编

孙健 曹克刚 鞠加彬 副主编

清华大学出版社

北京

内 容 简 介

本书由车削加工、铣削加工、钳工 3 个项目组成。其中,车削加工包括门轴加工、千斤顶加工、钢筋缠绕钩加工 3 个典型工作任务;铣削加工包括正方体凸凹配合件加工、齿轮加工、传动轴加工 3 个典型工作任务;钳工包括四方开口与燕尾锉配、小台虎钳加工、钻床夹具加工 3 个典型工作任务。

本书突出学生实践动手能力的培养,强调学生在做中学,并融入车工、铣工、钳工职业资格鉴定的内容。教学中采用行动导向教学法,强化学生实践动手能力,注重学生综合职业能力培养,将素质教育贯穿教学的全过程,以实现高职自动化类高素质与高技能并存的人才培养目标。本书适用于工作过程系统化的教学模式,教学过程在教学做一体化的机械加工车间中完成。

本书可作为高职高专院校机电类、机械工程类专业的教材,也可作为岗前培训、职业技能鉴定、技术培训的参考书。

图书在版编目(CIP)数据

机加工实训/王立波主编.--北京:清华大学出版社,2015

高职高专自动化类专业高素质系列改革教材

ISBN 978-7-302-36629-4

Ⅰ. ①机…　Ⅱ. ①王…　Ⅲ. ①机械加工-高等职业教育-教材　Ⅳ. ①TG506

中国版本图书馆 CIP 数据核字(2014)第 113543 号

责任编辑:王剑乔
封面设计:常雪影
责任校对:袁　芳
责任印制:杨　艳

出版发行:清华大学出版社
　　网　　　址:http://www.tup.com.cn,http://www.wqbook.com
　　地　　　址:北京清华大学学研大厦 A 座　　　　邮　　编:100084
　　社 总 机:010-62770175　　　　　　　　　　邮　　购:010-62786544
　　投稿与读者服务:010-62776969,c-service@tup.tsinghua.edu.cn
　　质 量 反 馈:010-62772015,zhiliang@tup.tsinghua.edu.cn
　　课 件 下 载:http://www.tup.com.cn,010-62795764
印 装 者:北京鑫海金澳胶印有限公司
经　　销:全国新华书店
开　　本:185mm×260mm　　　印　张:13　　　字　　数:294 千字
版　　次:2015 年 3 月第 1 版　　　印　　次:2015 年 3 月第 1 次印刷
印　　数:1~2000
定　　价:29.00 元

产品编号:050134-01

高职高专自动化类专业高素质系列改革教材

编审委员会

主　任：山　颖（黑龙江农业工程职业学院）
副主任：刘立辉（哈尔滨汽轮机厂有限责任公司）
委　员：朱晓慧（黑龙江农业工程职业学院）
　　　　秦　荣（黑龙江农业工程职业学院）
　　　　张国峰（黑龙江农业工程职业学院）
　　　　刘　勇（黑龙江农业工程职业学院）
　　　　王立波（黑龙江农业工程职业学院）
　　　　孙　健（黑龙江农业工程职业学院）
　　　　谭利都（黑龙江农业工程职业学院）

本书编审人员

主　编：王立波
副主编：孙　健　曹克刚　鞠加彬
参　编：王长勇　刘永坤　白宇翔
　　　　苏立铭（佳木斯电机股份有限公司）
主　审：苗士雷（哈尔滨空调机股份有限公司）

出版说明

　　高等职业教育是我国高等教育的重要组成部分,肩负着培养生产、建设、服务、管理第一线需要的高端技能型人才的使命。随着我国社会经济、政治、文化的发展变革,高等职业教育已经占据高等教育的半壁江山。中央基于当前我国建设人力资源强国的战略选择,出台了《国家中长期教育改革和发展规划纲要》,做出了大力发展职业教育的决策,并为高等职业教育发展指明了方向。但我们也清楚地意识到高等职业教育的内涵和外延处于不断发展之中,必须时刻保持着发展高等职业教育的高度责任感和使命感,不断研究高等职业教育教学的发展规律,不断实践,为贯彻科学发展观的战略高度,落实科教兴国战略和人才强国战略。

　　进入 20 世纪 80 年代,一种将机械、电子、信息、控制、计算机有机结合,以实现工业产品和生产过程整体最优化、智能化(多功能化)、柔性化(人性化)、网络化、现代化的自动化技术在全球兴起,已成为当今世界工业发展的主要趋势和我国振兴国民经济的新增长点,也成为世界各国高新技术激烈争夺的技术焦点和前沿领域。因此,为振兴地方经济,加速培养高素质技能型自动化人才,我们要深化教育改革,以服务为宗旨,以就业为导向,改革人才培养模式,推进工学结合,突出实践能力培养,积极吸引企业参与到人才培养全过程中来,促进高等职业教育同企业、社会需要紧密结合。

　　本系列丛书是自动化类高素质系列教材,是黑龙江省高等教育教学改革立项高教综合改革试点专题项目成果之一。该成果主要研究内容是探索自动化类高素质技能型人才培养教育教学规律,探索新型工学结合人才培养模式,打破传统课程体系,构建基于工作过程系统化的课程体系。与企业人员共同开发,以典型工作任务为载体构建课程内容,全面实施"教、学、做"合一的教学改革,实现与职业资格证书相融通的新型课程教学模式,采用行动导向的教学方法,强化学生实践动手能力,注重学生的综合职业能力培养,将素质教育贯穿专业教育的全过程,以实现高职自动化类高素质与高技能并存的人才培养目标。本系列丛书由 5 部教材构成,这 5 部教材均是自动化类相关专业的核心课程,分别是电气控制及应用、电机控制及应用、可编程控制器及应用、高压设备安装与检修、机加工实训。本系列丛书是项目式教材,教材形式新颖,突出高素质、高技能的培养,包括目标要求(其中包括知识目标、能力目标和素质目标)、安全规范、工作任务单、材料工具单、任务评价、资料导读、知识拓展等部分,不同以往的教材。除了知识体系,还突出了安全操作、技能训练、技能评价等。教材在编写体例上独具特色,打破了传统章节段落设计,以项目和任务组织教学,内容深入浅出,强调实践性,突出实用性,注重学生自主学习和实际操作能力的培养,以提高学生的技能水平。本系列丛书的教学应在"教、学、做"一体化的实训室中进行,教学中应采用行动导向教学法。

今后我们将对自动化类中高职课程开发进行研究与实践,构建自动化类专业中高职课程有机衔接立交桥。构建现代职业教育体系,增强职业教育产业服务发展的能力,实现职业教育科学发展,中高职衔接是关键。在探讨中高职教育专业设置衔接的基础上,研究中高职教育专业人才培育的衔接模式,从学生成长成才的角度、适应产业对人才要求的层面制订科学合理的人才培养方案,探讨、研究灵活弹性学制的中高职衔接模式。研究以岗位职业能力培养为核心,根据职业岗位(群)的工作内容,按照国家职业(行业)标准和职业鉴定考核要求,全面统筹中高职衔接教育专业的课程体系,确保课程结构上的有效衔接,实现中高职衔接教育课程的科学贯通,开发相应系列教材,构建起制造类专业中高职课程衔接立交桥。

高职高专自动化类专业高素质系列改革教材

编审委员会

2012 年 12 月

前言

本书由车削加工、铣削加工、钳工 3 个项目组成，以 9 个典型的工作任务为载体，贯穿车、铣、钳理论与实践知识。具体内容如下。

（1）项目一为车削加工，主要进行门轴加工、千斤顶加工、钢筋缠绕钩加工 3 个任务的学习。

（2）项目二为铣削加工，主要进行正方体凸凹配合件加工、齿轮加工、传动轴加工 3 个任务的学习。

（3）项目三为钳工，主要进行四方开口与燕尾锉配、小台虎钳加工、钻床夹具加工 3 个任务的学习。

本书在编写过程中力求突出如下特色。

（1）以典型的工作任务为载体，以工作过程为导向，强调教、学、做一体化，培养高素质技术技能型人才。

（2）工作任务产品来源于企业，能真正做到"工学结合"。在一体化实训车间实现教学与生产相结合，提高学生综合技能水平和岗位适应能力。

（3）教材图文并茂，降低学生学习的难度，提高学生的学习兴趣。

本书由黑龙江农业工程职业学院王立波任主编，孙健、曹克刚、鞠加彬任副主编。黑龙江农业工程职业学院王长勇、刘永坤、白宇翔，佳木斯电机股份有限公司苏立铭参编，哈尔滨空调机股份有限公司苗士雷任主审。具体编写分工如下：王立波、孙健编写项目一；曹克刚、王长勇、苏立铭编写项目二；鞠加彬、刘永坤、白宇翔编写项目三。全书由王立波统稿。

本书编写参考了有关资料和文献，在此向作者表示衷心的感谢！

由于编者水平有限，书中难免有不当之处，真诚希望广大读者批评、指正。

编　者

2015 年 1 月

目 录

<<< ....

项目一 车削加工

项目一

车 削 加 工

目标要求

知识目标：

（1）了解车削加工的工艺特点及加工范围。

（2）了解车床的型号、结构，并能正确操作。

（3）掌握车削加工的基本准备，如刀具合理、维护及工件的安装方式。

能力目标：

（1）能正确使用常用的刀具、量具及夹具。

（2）能独立车削加工一般中等复杂程度零件，具有一定的操作技能。

（3）能制定简单的车削加工顺序和工艺文件。

素质目标：

（1）通过学习，领悟机械加工技能在工业生产和社会生活中的应用，进一步认识其应用价值。

（2）在实际加工中，锻炼学生的实际动手操作能力，同时激发学生的学习兴趣，使学生在制作中学习产品及其零部件冷热加工方法的相关知识，加深学生对机械加工工艺学知识的理解。

（3）培养独立思考、勤于思考、善于提问的学习习惯，进一步树立崇尚科学精神，坚定求真、严谨求实和开拓创新的科学态度，形成科学的世界观。

（4）培养学生树立职业意识，按照企业的"6S"质量管理体系要求学生。"6S"即整理、整顿、清扫、清洁、素养、安全。

（5）在项目任务完成的过程中，培养学生的团队协作、沉着应变、爱岗敬业的精神。

（1）穿戴合适的工作服，长头发要压入帽内，不戴手套操作。

（2）两人共用一台车床时，只能一人操作，注意他人的安全。

（3）卡盘扳手使用完毕，必须及时取下，否则不能启动车床。

（4）开车前，检查各手柄的位置是否到位，确认正常后才准许开车。

（5）开车后，人不能靠近正在旋转的工件，更不能用手触摸工件的表面，也不能用量具测量工件的尺寸，以防发生人身安全事故。

（6）严禁开车变换车床主轴转速，以防损坏车床而发生设备安全事故。

（7）车削时，小刀架应调整到合适位置，以防小刀架导轨碰撞卡盘爪而发生人身设备安全事故。

（8）自动纵向或横向进给时，严禁大托板或中拖板超过极限位置，以防拖板脱落或碰撞卡盘而发生人身设备安全事故。

（9）发生事故时，立即关闭车床电源。

（10）工作结束后，关闭电源，清除切屑，细擦机床，加油润滑，保持良好的工作环境。

任务 1　门轴加工

1.1　任务目标

（1）学会轴类零件的机械加工工艺过程与加工工艺方法。

（2）学会轴类零件普通车床操作使用步骤。

（3）学会普通车削常用刀具的种类、用途与刃磨。

（4）学会车床的使用与车削用量的选择方法。

（5）学会常用轴类零件材料的切削性能。

（6）学会常用轴类零件简单外圆、端面车刀的选择。

（7）学会外圆尺寸公差的检测方法。

（8）提高质量、安全、环保意识。

1.2　任务描述

1. 工作任务——门轴车削加工

车削如图 1-1 所示的门轴。该门轴由门轴杆和门轴套两部分组成。

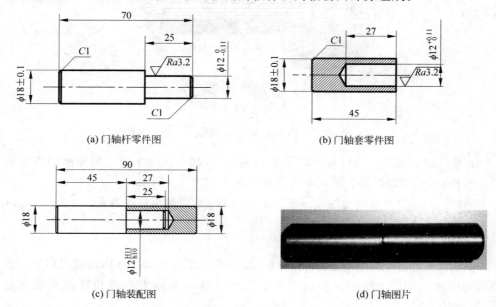

(a) 门轴杆零件图　　　　　　　(b) 门轴套零件图

(c) 门轴装配图　　　　　　　(d) 门轴图片

图 1-1　门轴

2. 操作与技术要求

（1）门轴加工尺寸精度 IT8，表面质量 $Ra=6.3\mu m$。

（2）车削外圆时用 90°高速钢车刀，车端面时用 45°高速钢车刀。

（3）$\phi12mm$ 孔的加工可以采用 $\phi12mm$ 的钻头一次直接钻出。

1.3　知识探究

1.3.1　车削基础

1. 车削特点及加工范围

（1）车削工作的特点。在车床上，工件旋转，车刀在平面内作直线或曲线移动的切削叫车削。车削是以工件旋转为主运动，车刀纵向或横向移动为进给运动的一种切削加工方法。车外圆时各种运动的情况如图 1-2 所示。

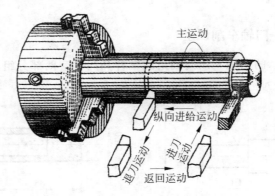

图 1-2　车削运动

（2）车削加工范围。凡具有回转体表面的工件，都可以在车床上用车削的方法进行加工。另外，还可绕制弹簧。卧式车床的加工范围如图 1-3 所示。

车削加工的工件尺寸公差等级一般为 IT7～IT9 级，表面粗糙度为 $Ra=1.6～3.2\mu m$。

2. 切削用量

切削加工过程中的切削速度(v_c)、进给量(f)和切削深度(a_p)总称为切削用量。车削时的切削用量如图 1-4 所示。切削用量的合理选择对提高生产率和切削质量有密切关系。

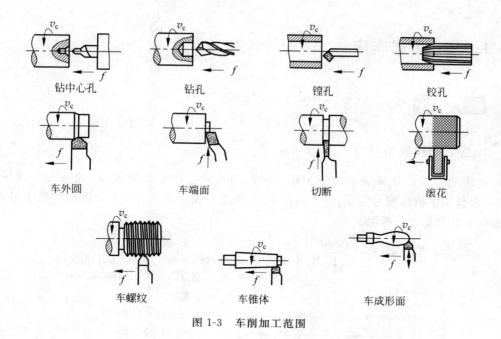

钻中心孔　　钻孔　　镗孔　　铰孔

车外圆　　车端面　　切断　　滚花

车螺纹　　车锥体　　车成形面

图 1-3　车削加工范围

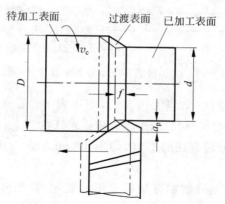

图 1-4　切削用量示意图

（1）切削速度（v_c）。切削速度指主运动的线速度，即在单位时间内，工件和刀具沿主运动方向上相对移动的距离，单位为 m/min 或 m/s。可用下式计算：

$$v = \pi \frac{Dn}{1000}(\text{m/min}) = \pi \frac{Dn}{1000 \times 60}(\text{m/s})$$

式中：D 为工件待加工面的直径，mm；n 为工件转速，r/min。

（2）进给量（f）：工件每转一周，车刀沿进给运动方向上移动的距离，单位为 mm/r。

（3）切削深度（a_p）：工件待加工面与已加工面间的垂直距离，单位为 mm。可用下式表达：

$$a_p = \frac{D - d}{2}$$

式中：D、d 分别为工件待加工面和已加工面的直径，mm。

1.3.2 卧式车床

1. 卧式车床的型号

机床的型号是用来表示机床类别、特性、组系和主要参数的代号。按照 JB 1836—1985《金属切削机床型号编制方法》的规定,机床型号由汉语拼音字母及阿拉伯数字组成,其表示方法如图 1-5 所示。

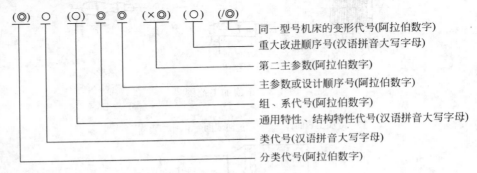

图 1-5　卧式车床型号表示及含义

其中,带括号的代号或数字,当无内容时,则不表示;若有内容时,则不带括号。例如,C6140A,其中,C 为分类代号,表示车床类机床;61 为组系代号,表示卧式;40 为主参数,表示床身上最大工件回转直径的 1/10,即为 400mm;A 为重大改进顺序号,表示第一次重大改进。

本标准颁布前的机床型号编制办法因有不同规定,其型号表示方法也不同。例如,C620,其中,C 为车床;6 为普通型(即 JB 1838—1985 中的卧式);20 为车床导轨面距主轴轴线高度为 200mm。

2. 卧式车床的组成部分及作用

卧式车床的组成部分主要有床头箱、进给箱、溜板箱、光杠、丝杠、刀架、尾架、床身及床腿等,如图 1-6 所示。

(1) 床头箱,又称主轴箱,内装主轴和主轴变速机构。电动机的运动经三角胶带传给床头箱,再经过内部主轴变速机构将运动传给主轴,通过变换床头箱外部手柄的位置来操纵变速机构,使主轴获得不同的转速;而主轴的旋转运动又通过挂轮机构传给进给箱。

主轴为空心结构,前部外锥面用于安装卡盘和其他夹具装夹工件,内锥面用于安装顶尖来装夹轴类工件,内孔可穿入长棒料。

(2) 进给箱,又称走刀箱。内装有进给运动的变速机构,通过调整外部手柄的位置,

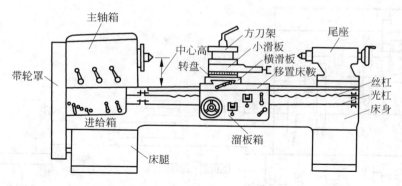

图 1-6　C618 卧式车床示意图

可获得所需的各种不同进给量或螺距（单线螺纹，对于多线螺纹为导程）。

（3）光杠和丝杠。光杠和丝杠将进给箱内的运动传给溜板箱。光杠传动用于回转体表面的机动进给车削；丝杠传动用于螺纹车削。可通过进给箱外部的光杠和丝杠变换手柄控制。

（4）溜板箱，又称拖板箱，是车床进给运动的操纵箱。内装有进给运动的分向机构，外部有纵、横手动进给和机动进给及开合螺母等控制手柄。改变不同的手柄位置，可使刀架纵向或横向移动，机动进给车削回转体表面，或将丝杠传来的运动变换成车螺纹的走刀运动，或手动纵、横向运动。

（5）刀架用来夹持车刀使其作纵向、横向或斜向进给运动，由大刀架、横刀架、转盘、小刀架和方刀架组成。

① 大刀架又称大拖板，与溜板箱连接，带动车刀沿床身导轨作纵向移动。

② 横刀架又称中拖板，带动车刀沿大刀架上面的导轨作横向移动。手动时，可转动横向进给手柄。

③ 转盘上面刻有刻度，与横刀架用螺栓连结，松开螺母可在水平面内回转任意角度。

④ 小刀架又称小拖板。转动小刀架进给手柄可沿转盘导轨面作短距离移动，如转盘回转一定角度，车刀可斜向运动。

⑤ 方刀架用来装夹和转换刀具，可同时装夹 4 把车刀。

（6）尾架，又称尾座，其底面与床身导轨面接触，可调整并固定在床身导轨面的任意位置。在尾架套筒内装上顶尖可夹持轴类工件，装上钻头或铰刀可用来钻孔或铰孔。

（7）床身是车床的基础零件，用以连接各主要部件并保证其相对位置。床身上的导轨用来引导溜板箱和尾架的纵向移动。

（8）床腿。用于支承床身，并与地基连接。

3. 卧式车床的传动

图 1-7 所示是 C618 卧式车床的传动系统图，其传动路线如图 1-8 所示。

有两条传动路线：一条是电动机转动经带传动，再经床头箱中的主轴变速机构把运动传给主轴，使主轴产生旋转运动。这条运动传动系统称为主运动传动系统。另一条是主轴的旋转运动经挂轮机构、进给箱中的齿轮变速机构、光杠或丝杠、溜板箱把运动传给

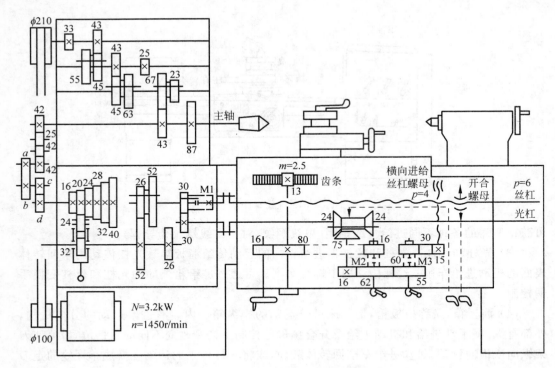

图 1-7　C618 卧式车床传动系统图

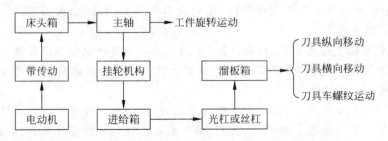

图 1-8　C618 卧式车床传动路线框图

刀架,使刀具纵向或横向移动或车螺纹纵向移动。这条传动系统称为进给传动系统。

(1) 主运动传动系统

C618 车床主运动传动系统如图 1-9 所示。

$$\text{电动机} \; \frac{\phi 100}{\phi 210} \begin{Bmatrix} \dfrac{33}{55} \\[4pt] \dfrac{43}{45} \end{Bmatrix} \begin{Bmatrix} \dfrac{43}{45} \\[4pt] \dfrac{25}{63} \end{Bmatrix} \begin{Bmatrix} \dfrac{67}{43} \\[4pt] \dfrac{23}{87} \end{Bmatrix} \text{主轴}$$

图 1-9　C618 车床主运动传动系统

改变各个主轴变速手柄的位置,即改变了滑移齿轮的啮合位置,可使主轴得到 8 种不同的正转转速,反转由电动机直接控制。其中,主轴正转的极限转速为

$$n_{\max} = 1450 \times \frac{100}{210} \times \frac{43}{45} \times \frac{43}{45} \times \frac{67}{43} \times 0.98 = 980 \, (\text{r/min})$$

$$n_{\min} = 1450 \times \frac{100}{210} \times \frac{33}{55} \times \frac{25}{63} \times \frac{23}{87} \times 0.98 = 42(\text{r/min})$$

（2）进给运动传动系统

C618 车床进给运动传动系统如图 1-10 所示。

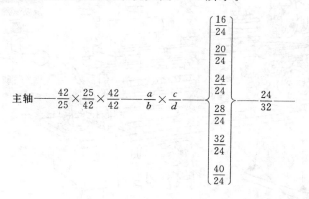

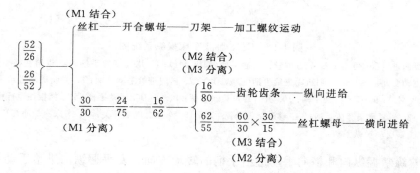

图 1-10　C618 车床进给运动传动系统

改变各个进给变速手柄的位置，即改变了进给变速机构中各滑移齿轮的不同啮合位置。可获得 12 种不同的纵向或横向进给量或螺距。其进给量变动范围：纵向为 $f_{\text{纵}} = 0.043 \sim 2.37\text{mm/r}$，横向为 $f_{\text{横}} = 0.038 \sim 2.1\text{mm/r}$。如果变换挂轮的齿数，则可得到更多的进给量或螺距。

　**实践操作**

C618 卧式车床操纵系统如图 1-11 所示。

1. 停车练习

为了安全操作，必须进行如下停车练习。

（1）正确变换主轴转速。转动床头箱上面的 3 个主轴变速手柄 5，可得到各种相对应的主轴转速。当手柄拨动不顺利时，可用手稍转动卡盘即可。

（2）正确变换进给量。按所选定的进给量查看进给箱上面的标牌，再按标牌上进给变换手柄 4 和塔轮变速手柄 3 的位置变换其位置，即得到所选定的进给量。

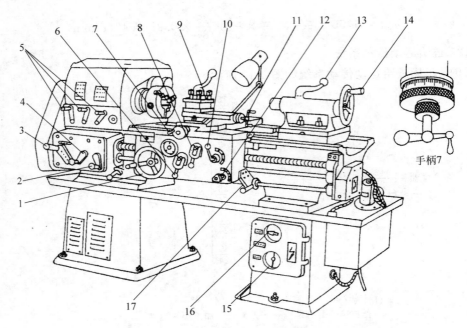

图 1-11 C618 卧式车床操纵系统图

1. 纵向进给手动手轮；2. 光杠或丝杠接通手柄（操纵 M1）；3. 塔轮变速手柄；4. 进给变换手柄；
5. 主轴变速手柄；6. 纵向机动进给手柄（操纵 M2）；7. 横向进给手动手柄；8. 横向机动进给手柄
（操纵 M3）；9. 压紧刀架手柄；10. 开合螺母接通手柄；11. 小刀架手动手柄；12. 拖板往返行程手
柄；13. 压紧尾架套筒手柄；14. 移动尾架套筒手柄；15. 车床总电源开关；16. 车床冷却油泵开关；
17. 主轴启动操纵手柄

（3）熟练掌握纵向和横向手动进给手柄的转动方向。左手握纵向进给手动手轮 1，右手握横向进给手动手柄 7。逆时针转动手轮 1，溜板箱左进（移向床头箱）；顺时针转动，则溜板箱右退（退向床尾）。顺时针转动手柄 7，刀架前进；逆时针转动，则刀架退回。

（4）熟练掌握纵向或横向机动进给的操作。光杠或丝杠接通手柄 2 位于光杠接通位置上。将纵向机动进给手柄 6 向上提起即可纵向机动进给，如将横向机动进给手柄 8 向上提起即可横向机动进给，向下扳动则停止纵、横机动进给。移动拖板往返行程手柄 12 即可改变纵、横机动进给的方向。

（5）尾架的操作。尾架靠手动移动，其固定靠紧固螺栓螺母。转动移动尾架套筒手柄 14，可使套筒在尾架内移动；转动压紧尾架套筒手柄 13，可将套筒固定在尾架内。

（6）刻度盘的应用。转动横向进给手动手柄，可使横向进给丝杠转动，因丝杠轴向固定，与丝杠连接的螺母带动中拖板横向移动。丝杠的螺距是 4mm（单线），手柄转一周时中拖板横向移动 4mm，与手柄一起转动的刻度盘一周等分 200 格，因此手柄转过 1 格时，中拖板的移动量为 0.02mm。

2. 低速开车练习

首先检查各手柄是否处于正确位置，确认无误后再进行主轴启动和机动纵向、横向进给练习。

（1）主轴启动：电动机启动→操纵主轴转动→停止主轴转动→关闭电动机。

（2）机动进给：电动机启动→操纵主轴转动→手动纵、横进给→机动纵向进给→手动退回→机动横向进给→手动退回→停止主轴转动→关闭电动机。

3．动作要领

（1）开车后严禁变换主轴转速，否则发生机床事故。开车前要检查各手柄是否处于正确位置，如没有到位，则主轴或机动进给不会接通。

（2）纵向和横向手动进退方向不能摇错，如把退刀摇成进刀，会使工件报废。

（3）横向进给手动手柄转过一格时，刀具横向进刀为 0.02mm，其圆柱体周边切削量为 0.04mm。

1.3.3　车刀

1．车刀的种类和用途

车刀的种类很多，分类方法也不同。一般按车刀的用途、形状或刀具材料等进行分类。

（1）车刀按用途分为外圆车刀、内孔车刀、端面车刀、切断或切槽刀、螺纹车刀、成形车刀等。内孔车刀按其能否加工通孔又分为通孔或不通孔车刀。

（2）车刀按其形状分为直头或弯头车刀、尖刀或圆弧车刀、左或右偏刀等。

（3）车刀按其材料分为高速钢或硬质合金等车刀。

（4）按被加工表面精度的高低分为粗车刀和精车刀（如弹簧光刀）。

（5）按车刀的结构分为焊接式和机械夹固式两类。机械夹固式车刀按其能否刃磨又分为重磨式和不重磨式（转位式）车刀。

图 1-12 所示为车刀按用途分类及所加工的各种表面。

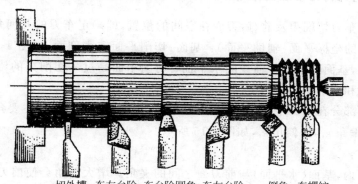

切外槽　车右台阶　车台阶圆角　车左台阶　　倒角　车螺纹

图 1-12　部分车刀的种类和用途

2. 车刀的组成

车刀是由刀头和刀杆两部分组成,如图 1-13 所示。刀头是车刀的切削部分,刀杆是车刀的夹持部分。

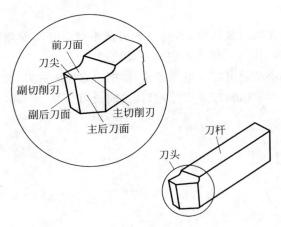

图 1-13　车刀的组成

车刀的切削部分由三面、两刃、一尖组成。

(1) 前刀面。前刀面是切屑沿着它流出的面,也是车刀刀头的上表面。

(2) 主后刀面。主后刀面是与工件切削加工面相对的那个表面。

(3) 副后刀面。副后刀面是与工件已加工面相对的那个表面。

(4) 主切削刃。主切削刃是前刀面与主后刀面的交线。它担负主要切削任务,又称主刀刃。

(5) 副切削刃。副切削刃是前刀面与副后刀面的交线。它担负少量的切削任务,又称副刀刃。

(6) 刀尖。刀尖是主切削刃与副切削刃的交点。实际上刀尖是一段圆弧过渡刃。

3. 车刀的几何角度及其作用

为了确定车刀切削刃及前、后刀面在空间的位置,即确定车刀的几何角度,必须建立三个互相垂直的坐标平面(辅助平面):基面、切削平面和主剖面,如图 1-14 所示。车刀在静止状态下,基面是过工件轴线的水平面;切削平面是过主切削刃的铅垂面;主剖面是垂直于基面和切削平面的铅垂剖面。

车刀切削部分在辅助平面中的位置,形成了车刀的几何角度。主要角度有前角 γ_0、主后角 α_0、主偏角 κ_r,副偏角 κ_r',如图 1-15 所示。

(1) 前角 γ_0。

在主剖面内,基面(水平面)与前刀面之间的夹角。增大前角会使前刀面倾斜程度增加,切屑易流经前刀面,且变形小而省力。但前角也不能太大,否则会削弱刀刃强度,容易崩坏。一般选取 $\gamma_0 = -5° \sim 20°$,其大小决定于工件材料、刀具材料及粗、精加工等情况。

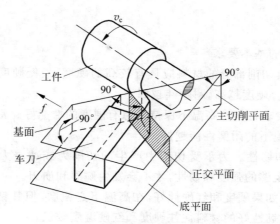

图 1-14 车刀的辅助平面

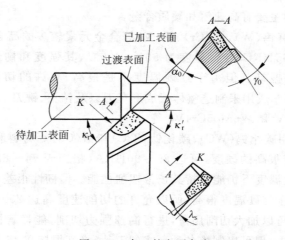

图 1-15 车刀的主要角度

工件材料和刀具材料愈硬，γ_0 取小值；精加工时，γ_0 取大值。

（2）主后角 α_0

在主剖面内，切削平面（铅垂面）与主后刀面之间的夹角，其作用是减小车削时主后刀面与工件间的摩擦，降低切削时的振动，提高工件表面加工质量。一般选取 $\alpha_0 = 3° \sim 12°$。粗加工或切削硬材料时取小值，精加工或切削较软材料时取大值。

（3）主偏角 κ_r

主偏角 κ_r 是进给方向与主切削刃在基面（水平面）上投影之间的夹角，其作用是能改善切削条件和提高刀具寿命。减小主偏角，刀尖强度增加，散热条件改善，提高刀具使用寿命，但会使刀具对工件的径向力加大，造成工件变形而影响加工质量，不易车削细长轴类工件。通常 κ_r 选取 $45°$、$60°$、$75°$、$90°$几种。

（4）副偏角 κ_r'

副偏角 κ_r' 是进给反方向与副切削刃在基面（水平面）上投影之间的夹角，其作用是减少副切削刃同已加工表面间的摩擦，以提高工件表面质量。一般选取 $\kappa_r' = 5° \sim 15°$。

4. 车刀的材料

（1）对刀具材料的基本要求

① 硬度高。刀具切削部分的材料应具有较高的硬度，最低硬度要高于工件的硬度，一般在 60HRC 以上。硬度越高，耐磨性越好。

② 红硬性好。要求材料在高温下保持其原有硬度的性能好。常用红硬温度来表示，红硬温度越高，在高温下的耐磨性能越好。

③ 足够的强度和韧性。为承受切削中产生的切削力或冲击力，防止产生振动和冲击，车刀材料应具有足够的强度和韧性，才不会发生脆裂和崩刃。

一般的刀具材料如果硬度和红硬性好，在高温下必耐磨，但其韧性往往较差，不易承受冲击和振动。反之韧性好的材料往往硬度和红硬温度较低。

（2）常用车刀的材料

常用车刀的材料主要有高速钢和硬质合金。

① 高速钢是含有钨（W）、铬（Cr）、钒（V）等合金元素较多的高合金工具钢。经热处理后硬度可达 62～65HRC，红硬温度为 500～600℃，其强度和韧性很好，刃磨后刃口锋利，能承受冲击和振动。但由于红硬温度不是很高，允许的切削速度一般为 25～30m/min。常用于精车或用来制造整体式成形车刀以及钻头、铣刀、齿轮刀具等。常用高速钢牌号有 W18Cr4V 和 W6Mo5Cr4V2 等。

② 硬质合金是用碳化钨（WC）、碳化钛（TiC）和钴（Co）等材料利用粉末冶金的方法制成的合金。它具有很高的硬度，可达 89～90HRA（相当于 74～82HRC），红硬温度为850～1000℃，即在此温度下仍能保持其正常切削性能。但韧性很差，性脆，不易承受冲击和振动，易崩刃。由于红硬温度很高，所以允许的切削速度高达 200～300m/min。因此，使用硬质合金车刀，可以加大切削用量，进行高速强力切削，能显著提高生产率。虽然它的韧性较差，不耐冲击，但可以制成各种形式的刀片，将其焊接在 45 号钢的刀杆上或采用机械夹固的方式夹持在刀杆上，以提高使用寿命。所以，车刀的材料主要应用硬质合金。其他的刀具如钻头、铣刀等材料也广泛应用硬质合金。

常用的硬质合金代号有 P01（YT30）、P10（YT15）、P30（YT5）、K01（YG3X）、K20（YG6）、K30（YG8）等，其含义可见 GB 2075—1987《切削加工用硬质合金分类、分组代号》。

实践操作

1. 刃磨车刀

车刀用钝后，需重新刃磨，才能得到合理的几何角度和形状。通常车刀是在砂轮机上，用手工进行刃磨的，刃磨车刀的步骤如图 1-16 所示。

（1）磨主后刀面

按主偏角大小把刀杆向左偏斜，再将刀头向上翘，使主后刀面自下而上慢慢接触砂轮（见图 1-16（a））。

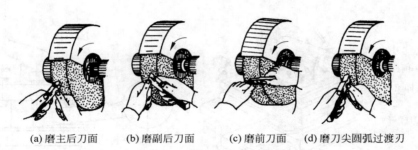

(a) 磨主后刀面　　(b) 磨副后刀面　　(c) 磨前刀面　　(d) 磨刀尖圆弧过渡刃

图 1-16　车刀的刃磨步骤

（2）磨副后刀面

按副偏角大小把刀杆向右偏斜,再将刀头向上翘,使副后刀面自下而上慢慢接触砂轮（见图 1-16(b)）。

（3）磨前刀面

先把刀杆尾部下倾,再按前角大小倾斜前刀面,使主切削刃与刀杆底面平行或倾斜一定角度,再使前刀面自下而上慢慢接触砂轮（见图 1-16(c)）。

（4）磨刀尖圆弧过渡刃

刀尖上翘,使过渡刃有后角,为防止圆弧刃过大,需轻靠或轻摆刃磨（见图 1-16(d)）。

经过刃磨的车刀,用油石加少量机油对切削刃进行研磨,可以提高刀具的耐用度和加工工件的表面质量。

按照图 1-17 所示车刀的几何形状及角度每人刃磨一把车刀。

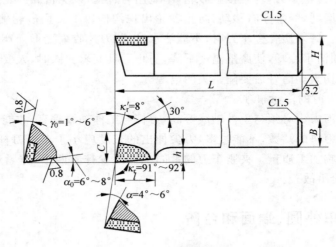

图 1-17　90°外圆车刀

2. 安装车刀

锁紧方刀架后,选择不同厚度的刀垫垫在刀杆下面,刀头伸出不能过长,拧紧刀杆紧固螺栓后使刀尖对准工件中心线,如图 1-18 所示。

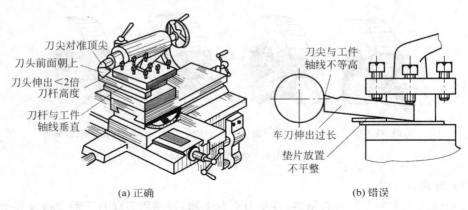

刀尖对准顶尖
刀头前面朝上
刀头伸出＜2倍刀杆高度
刀杆与工件轴线垂直

刀尖与工件轴线不等高
车刀伸出过长
垫片放置不平整

(a) 正确　　　　　　　　　　(b) 错误

图 1-18　车刀的安装

3. 动作要领

（1）砂轮的选择

常用的砂轮有氧化铝和碳化硅两类。氧化铝砂轮呈白色,适用于高速钢和碳素工具钢刀具的刃磨。碳化硅砂轮呈绿色,适用于硬质合金刀具的刃磨,砂轮的粗细以粒度号表示,一般有 36、60、80、120 等级别。粒度号越大,则组成砂轮的磨粒越细,反之则越粗。粗磨车刀应选用粗砂轮,精磨车刀应选用细砂轮。

（2）刃磨车刀时的注意事项

刃磨时,两手握稳车刀,轻轻接触砂轮,不能用力过猛,以免挤碎砂轮造成事故。利用砂轮的圆周进行磨削,经常左右移动,防止砂轮出现沟槽。不要用砂轮侧面磨削,以免受力后使砂轮破碎。磨硬质合金车刀时,不能沾水,以防刀片收缩变形而产生裂纹;磨高速钢车刀时,则必须沾水冷却,使磨削温度下降,防止刀具变软。同时,人要站在砂轮的侧面以防止砂轮崩裂伤人。磨好后要随手关闭电源。

（3）安装车刀时的注意事项

安装后的车刀刀尖必须与工件轴线等高,刀杆与工件轴线垂直,才能发挥刀具的切削性能。合理调整刀垫的片数,不能过多,刀尖伸出的长度应小于车刀刀杆厚度的两倍,以免产生振动而影响加工质量。夹紧车刀的紧固螺栓至少拧紧两个,拧紧后扳手要及时取下,以防发生安全事故。

1.3.4　车外圆、端面和台阶

理论资讯

工件外圆与端面的加工是车削中最基本的操作方法。

1. 工件在车床上的装夹方法

在车床上装夹工件的基本要求是定位准确、夹紧可靠。定位准确就是工件必须有一个正确位置,即车削的回转体表面中心应与车床主轴中心重合。夹紧可靠就是夹牢后能承受切削力,以至不改变定位并保证安全。在车床上常用三爪卡盘、四爪卡盘、顶尖、中心架、跟刀架、心轴、花盘和弯板等附件装夹工件。在成批、大量生产中还可用专用夹具装夹工件。

（1）用三爪卡盘装夹工件

三爪卡盘的结构如图 1-19(a)所示,当用卡盘扳手转动小锥齿轮时,大锥齿轮随之转动,在大锥齿轮背面平面螺纹的作用下,使三个爪同时向中心移动或退出,以夹紧或松开工件。其对中性好,自动定心准确度为 0.06～0.15mm。装夹直径较小的外圆表面情况如图 1-19(b)所示。装夹较大直径的外圆表面时可用 3 个反爪进行,如图 1-19(c)所示。

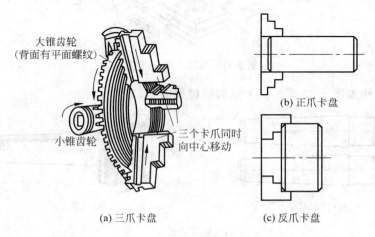

图 1-19　三爪卡盘装夹工件

（2）用四爪卡盘装夹工件

四爪卡盘外形如图 1-20(a)所示,它的 4 个爪通过 4 个螺杆独立移动。除装夹圆柱体工件外,还可以装夹方形、长方形等形状的工件。装夹时,必须用划线盘或百分表找正,使工件回转中心对准车床主轴中心。图 1-20(b)所示为用百分表找正,精度达 0.01mm。

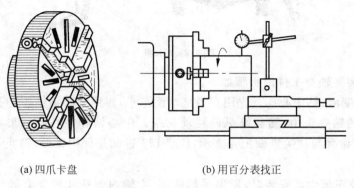

图 1-20　四爪卡盘装夹工件

（3）用双顶尖装夹工件

在车床上常用双顶尖装夹轴类工件，如图 1-21 所示。其前顶尖为普通顶尖（死顶尖），装在主轴锥孔内，同主轴一起转动；后顶尖为活顶尖，装在尾架套筒内。工件利用中心孔被顶在前后顶尖之间，并通过拨盘和卡箍随主轴一起转动。

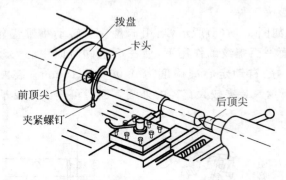

图 1-21　双顶尖装夹工件

顶尖的结构如图 1-22 所示。卡箍的结构如图 1-23 所示。

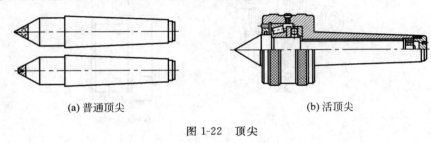

(a) 普通顶尖　　　　　　　　　　(b) 活顶尖

图 1-22　顶尖

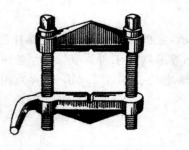

图 1-23　卡箍

用双顶尖装夹轴类工件的步骤如下。

① 车平两端面、钻中心孔。先用车刀把端面车平，再用中心钻钻中心孔，中心钻安装在尾架套筒内的钻夹头中，随套筒纵向移动钻削。中心钻和中心孔的形状如图 1-24 所示。中心孔 60°锥面与顶尖锥面配合支承，B 型 120°锥面是保护锥面，防止 60°锥面碰坏而影响定位精度。

② 安装、校正顶尖。安装时，顶尖尾部锥面、主轴内锥孔和尾架套筒锥孔必须擦净，然后把顶尖用力推入锥孔内。校正时，可调整尾架横向位置，使前后顶尖对准为止，如

图1-25所示。如前后顶尖不对准,轴将车成锥体。

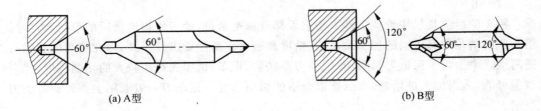

(a) A型   (b) B型

图1-24 中心钻与中心孔

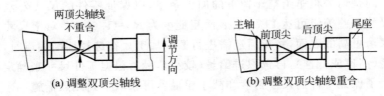

(a) 调整双顶尖轴线   (b) 调整双顶尖轴线重合

图1-25 校正顶尖

③ 安装拨盘和工件。首先,擦净拨盘的内螺纹和主轴端的外螺纹,把拨盘拧在主轴上;然后,把轴的一端装上卡箍,拧紧卡箍螺钉;最后,在双顶尖中安装工件,如图1-26所示。

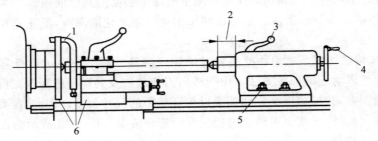

图1-26 安装工件

1. 拧紧卡箍;2. 调整套筒伸出长度;3. 锁紧套筒;4. 调节工件顶尖松紧;

5. 将尾架固定;6. 刀架移至车削行程左端,用手转动拨盘,检查是否碰撞

2. 车外圆

将工件车削圆柱形外表面的方法称车外圆。车外圆的几种情况如图1-27所示。

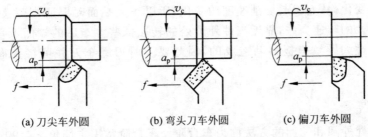

(a) 刀尖车外圆   (b) 弯头刀车外圆   (c) 偏刀车外圆

图1-27 外圆车削

　　车削方法一般采用粗车和精车两个步骤。

　　（1）粗车

　　粗车的目的是尽快地从工件上切去大部分加工余量，使工件接近最后的形状和尺寸。粗车要给精车留有适当的加工余量，其精度和表面粗糙度要求并不高，因此粗车的目的是提高生产率。为了保证刀具耐用，减少刃磨次数，粗车时，要先选用较大的切削深度，然后根据可能，适当加大进给量，最后选取合适的切削速度。粗车刀一般选用尖头刀或弯头刀车削。

　　（2）精车

　　精车的目的是切去粗车给精车留下的加工余量，以保证零件的尺寸公差和表面粗糙度。精车后尺寸公差等级可达 IT7 级，表面粗糙度为 $Ra=1.6\mu m$。对于尺寸公差等级和表面粗糙度要求更高的表面，精车后还需进行磨削加工。在选择切削用量时，首先选取合适的切削速度（高速或低速），再选取进给量（较小），最后根据工件尺寸来确定切削深度。

　　精车时为了保证工件的尺寸精度和减小粗糙度可采取下列几点措施。

　　① 合理地选择精车刀的几何角度及形状。如加大前角使刃口锋利、减小副偏角和刀尖圆弧使已加工表面残留面积减小，前后刀面及刀尖圆弧用油石磨光等。

　　② 合理地选择切削用量。如加工钢等塑性材料时，采用高速或低速切削可防止出现积屑瘤；采用较小的进给量和切削深度可减少已加工表面的残留面积。

　　③ 合理地使用冷却润滑液。如低速精车钢件时用乳化液润滑，低速精车铸铁件时用煤油润滑等。

　　④ 采用试切法切削。试切法就是通过试切→测量→调整→再试切反复进行使工件达到尺寸符合要求为止的加工方法。由于横向刀架丝杠及其螺母螺距与刻度盘的刻线均有一定的制造误差，只按刻度盘定切深难以保证精车的尺寸公差。因此，需要通过试切来准确控制尺寸。此外，试切也可防止进错刻度而造成废品。图 1-28 所示为车削外圆工件时的试切方法与步骤。

3. 车端面

　　对工件端面进行车削的方法称为车端面。车端面应用端面车刀，开动车床使工件旋转，移动大拖板（或小拖板）控制切深，中拖板横向走刀进行车削。图 1-29 为端面车削时的几种情形。

　　车端面时应注意：刀尖要对准工件中心，以免车出的端面留下小凸台。车削时被切部分直径不断变化，从而引起切削速度的变化，所以车大端面时要适当调整转速，使车刀靠近工件中心处的转速高些，靠近工件外圆处的转速低些。车后的端面不平整是由于车刀磨损或切深过大导致拖板移动造成的，因此要及时刃磨车刀并可将大拖板紧固在床身上。

4. 车台阶

　　车削台阶处外圆和端面的方法称为车台阶。车台阶常用主偏角 $\kappa_r \geqslant 90°$ 的偏刀车削，在车削外圆的同时，车出台阶端面。台阶高度小于 5mm 时，可用一次走刀切出；高度大

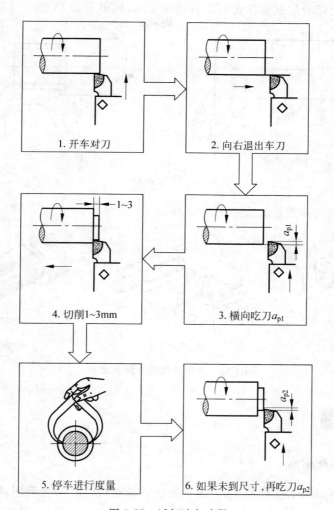

图 1-28 试切法与步骤

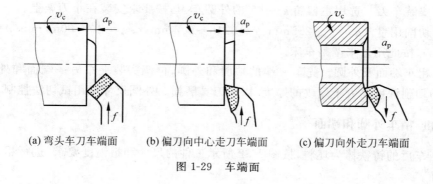

(a) 弯头车刀车端面   (b) 偏刀向中心走刀车端面   (c) 偏刀向外走刀车端面

图 1-29 车端面

于 5mm 的台阶,可用分层法多次走刀后再横向切出,如图 1-30 所示。

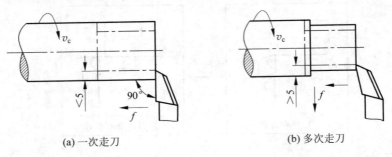

(a) 一次走刀　　　　　　　　　　(b) 多次走刀

图 1-30　车台阶

台阶长度的控制和测量方法如图 1-31 所示。

(a) 卡钳测量　　　　　　　(b) 钢尺测量　　　　　　　(c) 深度尺测量

图 1-31　台阶长度的控制和测量

 **实践操作**

1. 粗车外圆及端面

选取直径为 ϕ90mm、长度为 125mm 的灰铸铁棒料(HT150)为毛坯,粗车后的直径为 ϕ85mm、长度为 120mm。

(1) 装夹工件。因铸件毛坯表面不规则,用三爪卡盘装夹时,一定要使三个爪全部接触外圆表面后再夹紧,以防松动。

(2) 安装车刀。选用主偏角 $\kappa_r = 45°$ 的外圆车刀,按要求安装在小刀架上。

(3) 切削用量。$a_p = 1 \sim 2.5$mm、$f = 0.15 \sim 0.4$mm/r、$v_c = 40 \sim 60$m/min($n = 150 \sim 225$r/min),按此用量来调整车床。

(4) 粗车端面及外圆。先车一端的端面和外圆,再调头装夹车另一端面和外圆。车第一刀的切削深度要大于硬皮的厚度,以防刀具磨损。外圆尺寸可用试切法控制。

2. 粗、精车外圆和端面

以粗车后的铸铁棒为坯料,按图 1-32 所示工件的尺寸和粗糙度要求,进行粗、精车外圆和端面。

(1) 装夹工件:用三爪卡盘夹紧工件,其夹紧长度约为 50mm。

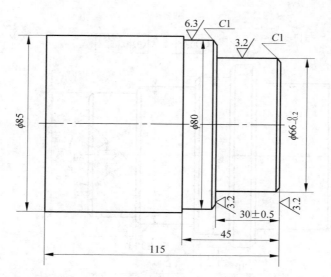

图 1-32　粗、精车外圆和端面工件图（材料：HT150）

（2）安装车刀：选用主偏角 $\kappa_r = 45°$ 和 $\kappa_r \geqslant 90°$ 的偏刀两把，按要求装在小刀架上。

（3）切削用量：精车铸铁的切削用量为 $a_p = 0.3 \sim 0.5$mm、$f = 0.05 \sim 0.2$mm/r、$v_c = 60 \sim 100$m/min（$n = 285 \sim 476$r/min）。精车时，按此用量调整车床。

（4）粗、精车端面和外圆。先用 45°外圆端面车刀车端面，连平即可。再用 90°外圆偏刀粗、精车外圆及台阶端面，先粗车 $\phi 80$mm×45mm 尺寸，再粗车 $\phi 67$mm×29mm 尺寸，最后用试切法精车 $\phi(66 \pm 0.2)$mm×(30 ± 0.5)mm 尺寸。车好后用 45°车刀倒角。

3. 车台阶和钻中心孔

图 1-32 所示的工件车好后，以它为坯料，按图 1-33 所示工件的尺寸、形位公差要求进行车削台阶和钻中心孔。加工步骤如下。

（1）以 $\phi(66 \pm 0.2)$mm 和长度为 (30 ± 0.5)mm 台阶面为定位精基准。

（2）车端面，保证长度为 80mm。

（3）钻 $\phi 4$ 中心孔。

（4）粗、精车 $\phi(68 \pm 0.2)$mm×(70 ± 0.2)mm 台阶尺寸。

（5）粗、精车 $\phi(60 \pm 0.015)$mm×(55 ± 0.15)mm 台阶尺寸。

（6）粗、精车 $\phi(54 \pm 0.1)$mm×(20 ± 0.1)mm 台阶尺寸。

（7）倒角。

4. 动作要领

（1）利用刻度盘控制尺寸精度

用试切法试切外圆时，必须利用横向进给手柄刻度盘上的刻度来控制进刀深度，对刀后，需计算手柄顺时针转动的格数 n。可用下式计算：

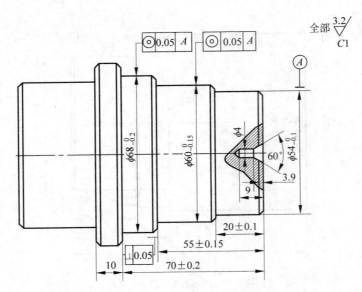

图 1-33　车台阶和钻中心孔工件图（材料：HT150）

$$n = \frac{d_1 - d_2}{0.04}(格)$$

式中：d_1 为对刀时工件的直径，mm；d_2 为要车好的工件直径，mm；0.04 为进刀一格所切去的圆周余量，mm。

　　试切测量的尺寸等于 d_2 时，即可正式进行车削，如果试切后测量的尺寸大于 d_2，则需重新计算进刀格数试切。如试切后测量的尺寸小于 d_2，则需把手柄逆时针转过 2 圈后，重新对刀计算进刀格数试切。切不可把手柄直接退回至 d_2 尺寸就车削。因手柄丝杠与螺母之间有间隙，间隙如不消除，切深无变化，车削的直径会仍小于 d_2 而报废。

　　(2) 外圆尺寸的测量

　　粗略测量可用外卡钳和钢尺，一般用游标卡尺，还可用千分尺。

1.3.5　车槽和切断

理论资讯

1. 车槽

在工件表面上车削沟槽的方法称为车槽。

用车削加工的方法所加工出槽的形状有外槽、内槽和端面槽等，如图 1-34 所示。

轴上的外槽和孔的内槽多属于退刀槽，其作用是车削螺纹或进行磨削时便于退刀，否则无法加工。同时，往轴上或孔内装配其他零件时，便于确定其轴向位置。端面槽的主要作用是为了减轻重量。有些槽还可以卡上弹簧或装上垫圈等，其作用要根据零件的结构

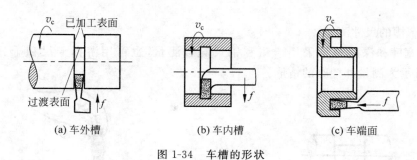

图 1-34 车槽的形状

和作用而定。

（1）切槽刀的角度及安装

车槽要用切槽刀进行车削，切槽刀的形状和几何角度如图 1-35（a）所示。安装时，刀尖要对准工件轴线；主切削刃平行于工件轴线；刀尖与工件轴线等高；两侧副偏角一定要对称相等（1°～2°），两侧刃副后角也需对称（0.5°～1°），不可一侧为负值，以防刮伤槽的端面或折断刀头。切槽刀的安装如图 1-35（b）所示。

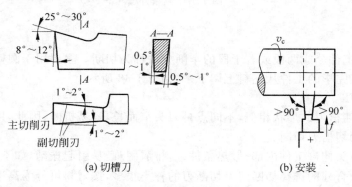

图 1-35 切槽刀及安装

（2）车槽的方法

车削宽度为 5mm 以下的窄槽时，可采用主切削刃的宽度等于槽宽的切槽刀，在一次横向进给中切出。

车削宽度在 5mm 以上的宽槽时，一般采用先分段横向粗车，如图 1-36（a）所示。最后一次横向切削，再进行纵向精车的加工方法，如图 1-36（b）所示。

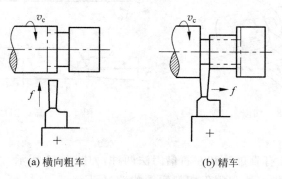

图 1-36 车宽槽

（3）车槽的尺寸测量

槽的宽度和深度测量采用卡钳和钢尺配合测量，也可用游标卡尺和千分尺测量。图1-37所示为测量外槽时的情形。

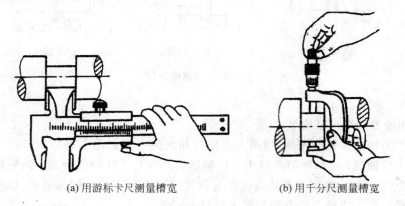

(a) 用游标卡尺测量槽宽　　　　　　(b) 用千分尺测量槽宽

图1-37　测量外槽

2. 切断

把坯料或工件分成两段或若干段的车削方法称为切断。主要用于圆棒料按尺寸要求下料，或把加工完毕的工件从坯料上切下来，如图1-38所示。

（1）切断刀

切断刀与切槽刀的形状相似，不同点是刀头窄而长，容易折断，因此，用切断刀也可以车槽，但不能用切槽刀切断。

切断时，刀头伸进工件内部，散热条件差，排屑困难，易引起振动，如不注意，刀头就会折断，因此必须合理的选择切断刀。切断刀的种类很多，按材料可分为高速钢和硬质合金两种；按结构又分为整体式、焊接式、机械夹固式等多种。通常为了改善切削条件，常用整体式高速刚切断刀进行切断。图1-39所示为高速钢切断刀的几何角度。为了减少切削过程中产生的振动和冲击，也可用弹性切断刀切断，如图1-40所示。

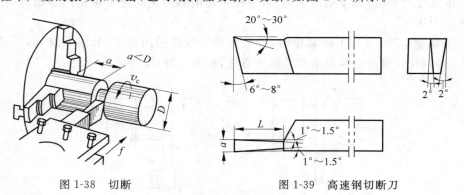

图1-38　切断　　　　　　　　图1-39　高速钢切断刀

（2）切断方法

常用的切断方法有直进法和左右借刀法两种，如图1-41所示。直进法常用于切削铸铁等脆性材料，左右借刀法常用于切削钢等塑性材料。

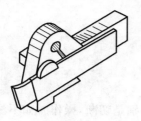
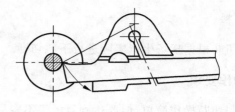

图 1-40 弹性切断刀

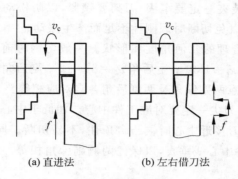

(a) 直进法 　　　　 (b) 左右借刀法

图 1-41 切断方法

1. 要求

工件坯料为 HT150,按图 1-42 所示车削 4mm 宽的窄槽和 10mm 宽的宽槽。切削时,因台阶的轴向尺寸已经车好,对刀时,应注意不可再车削台阶的端面。窄槽用直进法车削,宽槽用多次横向粗车再精车的方法车削。槽的深度利用横向进给刻度盘来控制。

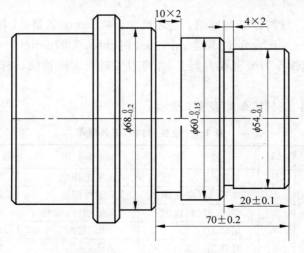

图 1-42 车槽工件图(材料:HT150)

2. 下料

下料切断根据现场生产实际进行下料切断。

3. 动作要领

车槽和切断操作简单,但要达到目的很不容易,特别是切断,操作时如不注意,刀头就折断。操作注意事项如下。

(1) 工件和车刀的装夹一定要牢固,刀架要锁紧,以防松动。切断时,切断刀距卡盘近些,但不能碰上卡盘,以免切断时因刚性不足而产生振动。

(2) 切断刀必须有合理的几何角度和形状。一般切钢时前角 $\gamma_0 = 20° \sim 25°$,切铸铁时 $\gamma_0 = 5° \sim 10°$;副偏角 $\kappa_r' = 1°30'$;主后角 $\alpha_0 = 8° \sim 12°$;副后角 $\alpha_0' = 2°$;刀头宽度为 $3 \sim 4\,mm$。刃磨时要特别注意两副偏角及两副后角各自对应相等。

(3) 安装切断刀时,刀尖一定要对准工件中心。如低于中心,车刀还没有切至中心而被折断,如高于中心,车刀接近中心时被凸台顶住,不易切断。同时车刀伸出刀架不要太长,车刀中心线要与工件中心线垂直,以保证两侧副偏角相等。底面垫平,以保证两侧都有一定的副后角。

(4) 合理选择切削用量,切削速度不宜过高或过低,一般 $v_c = 40 \sim 60\,m/min$(外圆处)。手动进给切断时,进给要均匀,机动进给切断时,进给量 $f = 0.05 \sim 0.15\,mm/r$。

(5) 切钢时需加冷却液进行冷却润滑,切铸铁时不加冷却液,但必要时可使用煤油进行冷却润滑。

1.4 任务实施

1. 准备工作

(1) 工件毛坯。材料:45 号圆钢;毛坯尺寸:$\phi 20\,mm$;数量:1 件。

(2) 工艺装备。三爪自定心卡盘、钻夹头、钢板尺、$0.02\,mm/(0 \sim 150\,mm)$ 的游标卡尺;将 $45°$、$90°$ 高速钢车刀装夹在刀架上,并将刀尖对准工件轴线。麻花钻头安装在尾座钻夹头上。

(3) 设备、材料、工具清单如表 1-1 所示。

表 1-1 设备、材料、工具清单

项　　目	序号	名　　称	作　　用	数量	型　　号
所用设备和刀具	1	车床	加工工作地	1	CA6140
	2	90°车刀(高速钢)	车削外圆	1	14mm×14mm
	3	45°车刀(高速钢)	车削端面、倒角	1	14mm×14mm
	4	切断刀	车槽、切断	1	12mm×4mm
	5	麻花钻	钻孔	1	$\phi 12mm$

续表

项　目	序号	名　称	作　用	数量	型　号
毛坯材料	1	45号钢	毛坯材料	1	$\phi20\text{mm}\times2\text{m}$
所用工具、量具	1	游标卡尺	测量	1	0～150mm
	2	千分尺	测量	1	25～50mm
	3	钢板尺	测量	1	150mm
	4	百分表	测量	1	0～5mm
	5	锉刀	出毛刺	1	Ⅰ号扁锉

2. 车削步骤

（1）门轴杆加工

① 用三爪卡盘轻轻夹住毛坯，工件装夹伸出长度85mm，用划针找正，夹紧工件，用45°车刀车端面。$a_p=0.5\text{mm}$，$f=0.11\text{mm/r}$，车床主轴转速为185r/min，车平即可，如图1-43所示。

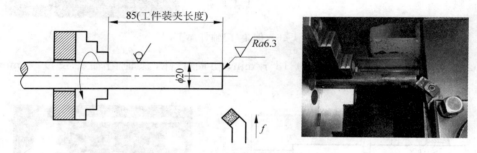

图1-43　车削端面（门轴杆加工）

② 用90°车刀车外圆，取 $a_p=0.5\text{mm}$，$f=0.16\text{mm/r}$，车床主轴转速为185r/min，车削成$\phi18\text{mm}\times74\text{mm}$的外圆，如图1-44所示。

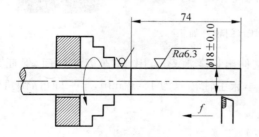

图1-44　车外圆（门轴杆加工）

③ 车台阶。用90°车刀车台阶，取 $a_p=0.5\text{mm}$，$f=0.11\text{mm/r}$，车床主轴转速为305r/min，车削成$\phi12\text{mm}\times25\text{mm}$外圆，如图1-45所示。

④ 倒角。用45°车刀倒角，取 $a_p=0.5\text{mm}$，$f=0.11\text{mm/r}$，车床主轴转速为185r/min，倒角$C1$，如图1-46所示。

⑤ 切断。用横截面尺寸为12mm×4mm的高速钢切槽刀，双手均匀摇动拖板手柄，

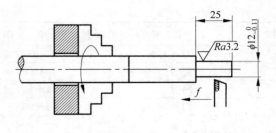

图 1-45　车台阶（门轴杆加工）

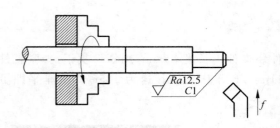

图 1-46　倒角（门轴杆加工）

$f=0.05\text{mm/r}$，车床主轴转速为 185r/min，切断工件，保证门轴杆长度 71mm，如图 1-47 所示。

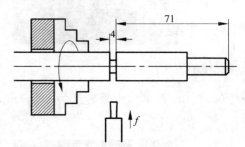

图 1-47　切断（门轴杆加工）

⑥ 车端面、倒角。调头夹紧工件，装夹伸出长度 10mm，用 45°车刀车端面，保证工件总长 70mm。$a_p=0.5\text{mm}$，$f=0.11\text{mm/r}$，车床主轴转速为 185r/min，车平即可，倒角 $C1$，如图 1-48 所示。

（2）门轴套加工

① 车端面、倒角。用三爪卡盘轻轻夹住毛坯，工件装夹伸出长度 60mm，夹紧工件，用 45°车刀车端面。$a_p=0.5\text{mm}$，$f=0.11\text{mm/r}$，车床主轴转速为 185r/min，车平即可，如图 1-49 所示。

② 车外圆。用 90°车刀车外圆，取 $a_p=0.5\text{mm}$，$f=0.16\text{mm/r}$，车床主轴转速为 185r/min，车削成 $\phi18\text{mm}\times49\text{mm}$ 的外圆，如图 1-50 所示。

③ 钻孔。选择规格为 $\phi12\text{mm}$ 的麻花钻，用挡铁支顶麻花钻前端（减小钻头轴线与工

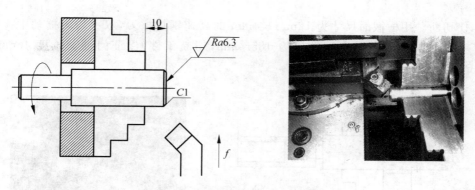

图 1-48　车端面、倒角(门轴套加工)

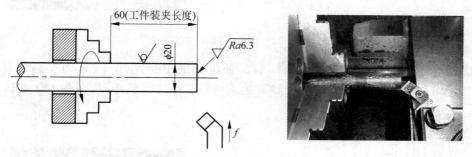

图 1-49　车端面(门轴套加工)

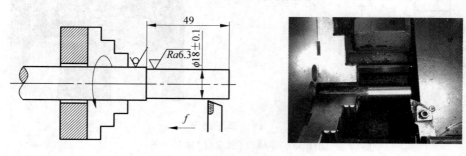

图 1-50　车外圆(门轴套加工)

件轴线的偏移),双手摇动尾座手柄均匀进给,钻孔深 27mm,$f=0.5$mm/r,车床主轴转速为 185r/min,同时浇注充分的乳化液,如图 1-51 所示。

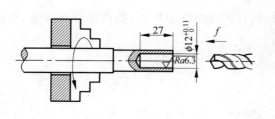

图 1-51　钻孔(门轴套加工)

④ 切断。用横截面尺寸为 12mm×4mm 的高速钢切槽刀，双手均匀摇动中拖板手柄，$f=0.05$mm/r，车床主轴转速为 185r/min，切断工件，保证门轴套长度 46mm，如图 1-52 所示。

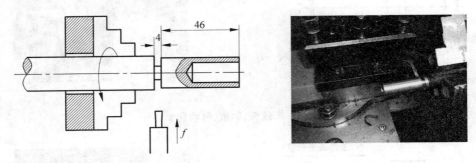

图 1-52　切断(门轴套加工)

⑤ 车端面、倒角。调头夹紧工件，装夹伸出长度 10mm，用 45°车刀车端面、倒角。$a_p=0.5$mm，$f=0.11$mm/r，车床主轴转速为 185r/min，车平即可，倒角 C1，如图 1-53 所示。

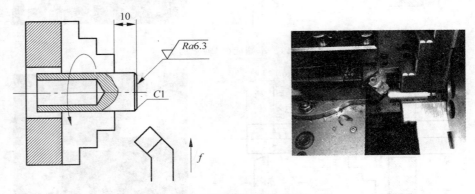

图 1-53　车端面、倒角(门轴套加工)

3. 结束工作

(1) 自检。加工完毕，卸下工件，仔细测量各部分尺寸，装配工件，检验其装配精度。

(2) 工件上交，清点工具，收拾工作场地。

(3) 评价。每位同学车削完一件后，结合评分标准，对自己的产品进行评价，对出现的质量问题分析原因，并找出改进措施。

1.5　任务评价

门轴加工任务评分表如表 1-2 所示。

表 1-2   门轴加工任务评分表

评价类别	评价项目	评价标准	评价配分	评价得分
专业能力	外圆	$\phi(18\pm0.10)$mm	5	
		$\phi12_{-0.11}^{0}$mm	5	
	内孔	$\phi12_{0}^{+0.11}$mm	10	
	长度	(45 ± 0.50)mm	5	
		(25 ± 0.50)mm	5	
	表面粗糙度	$Ra\leqslant6.3\mu m$(2 处)、$Ra\leqslant3.2\mu m$(1 处)	10	
	倒角、毛刺	各倒边处无毛刺、有倒角	5	
	工具、设备的使用与维护	正确、规范使用工具、量具、刃具,合理保养与维护工具、量具、刃具	5	
		正确、规范地使用设备,合理保养维护设备	5	
		操作姿势正确,动作规范	5	
	安全及其他	安全文明生产,按国家颁布的有关法规或企业自定的有关规定执行	5	
		操作方法及工艺规程正确	5	
	完成时间	45min	10	
社会能力	团队协作	小组成员之间合作良好	5	
	职业意识	工具、夹具、量具使用合理、准确,摆放整齐;节约使用原材料,不浪费;做到环保	5	
	敬业精神	遵守纪律,具有爱岗敬业、吃苦耐劳的精神	5	
方法能力	计划与决策	计划和决策能力较好	5	

任务 2　千斤顶加工

2.1　任务目标

(1) 掌握车削加工的工艺特点及加工范围。

(2) 掌握车床的型号、结构，并能正确操作。

(3) 能够正确使用常用的刀具、量具及夹具。

(4) 熟练掌握车床的使用与车削用量的选择方法。

(5) 学会滚花加工的刀具选择及加工方法。

(6) 学会车沟槽的方法并能对沟槽进行质量分析。

(7) 学会内螺纹、外螺纹的车削加工及检测方法。

(8) 学会用转动小滑板法车削圆锥体的加工方法。

(9) 学会车床上钻通孔、扩孔的加工方法。

(10) 能够独立加工中等复杂零件并具有一定的操作技能。

(11) 能够进一步提高质量、安全、环保意识。

2.2　任务描述

1. 工作任务——千斤顶车削加工

车削如图 2-1 所示的千斤顶。该千斤顶由螺杆和底座两部分组成。

2. 工艺分析

(1) 千斤顶加工尺寸精度 IT8，表面质量 $Ra=6.3\mu m$。

(2) 车削圆锥时，要同时保证尺寸精度和圆锥角度，一般先保证圆锥角度，然后精车控制线性尺寸。

(3) 由于滚花时出现工件移位现象难以完全避免，所以车削带有滚花表面的工件时，应安排在粗车之后、精车之前进行滚花。

(4) 普通三角螺纹的特点是螺距小、螺纹长度较短。车削普通内、外螺纹是车工的基本技能之一，是车工掌握螺纹车削原理的必要途径。

(5) 在实体材料上钻孔，孔径不大时可以用钻头一次钻出，若孔径较大（超过 30mm）则应进行扩孔。扩孔精度一般可达 IT10～IT11 级，表面粗糙度 Ra 值达 12.5～6.3 μm，可以作为孔的半精加工。

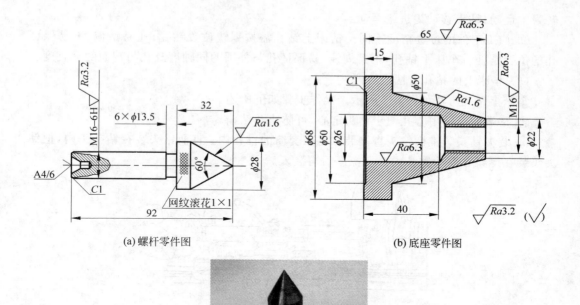

(a) 螺杆零件图　　　　　　　(b) 底座零件图

(c) 千斤顶图片

图 2-1　千斤顶

（6）由于工件精度要求较高，故加工过程应划分为粗车→半精车→精车等阶段。

2.3　知识探究

2.3.1　钻孔和车孔

1. 钻孔

利用钻头将工件钻出孔的方法称为钻孔，通常在钻床或车床。

（1）车床上钻孔与钻床上钻孔的不同点

① 切削运动不同。钻床上钻孔时，工件不动，钻头旋转并移动，其钻头的旋转运动为主运动，钻头的移动为进给运动。车床上钻孔时，工件旋转，钻头不转动只移动，其工件旋

转为主运动,钻头移动为进给运动。

② 加工工件的位置精度不同。钻床上钻孔需按划线位置钻孔,孔易钻偏,不易保证孔的位置精度。车床上钻孔,不需划线,易保证孔与外圆的同轴度及孔与端面的垂直度。

(2) 车床上的钻孔方法

车床上钻孔方法如图 2-2 所示。操作步骤如下所述。

① 车端面。钻中心孔便于钻头定心,可防止孔钻偏。

② 装夹钻头。锥柄钻头直接装在尾架套筒的锥孔内;直柄钻头装在钻夹头内,把钻夹头装在尾架套筒的锥孔内。要擦净后再装入。

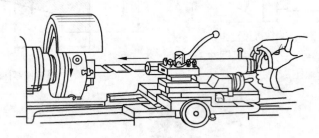

图 2-2　车床上钻孔

③ 调整尾架位置。松开尾架与床身的紧固螺栓螺母,移动尾架,使钻头能进给至所需长度,固定尾架。

④ 开车钻削。尾架套筒手柄松开后(但不宜过松),开动车床,均匀地摇动尾架套筒手轮钻削。刚接触工件时,进给要慢些,切削中要经常退回,钻透时,进给也要慢些,退出钻头后再停车。

⑤ 钻不通孔时要控制孔深。可先在钻头上利用粉笔划好孔深线再钻削的方法控制孔深,还可用钢尺、深度尺测量孔深。

钻孔的精度较低,尺寸公差等级在 IT10 级以下,表面粗糙度为 $Ra = 6.3\mu m$。因此,钻孔往往是车孔和镗孔、扩孔和铰孔的预备工序。

2. 车孔

对工件上的孔进行车削的方法称为车孔。

(1) 车孔的方法

车孔的方法如图 2-3 所示,图 2-3(a)为用通孔车刀车通孔,图 2-3(b)为用不通孔车刀车不通孔。与车外圆的方法基本相同,都是工件转动,车刀移动,从毛坯上切去一层多余金属。在切削过程中也分为粗车和精车,以保证孔的质量。

车孔与车外圆的方法虽然基本相同,但在车孔时,需注意以下几点。

① 车孔刀的几何角度。通孔车刀的主偏角 $\kappa_r = 45° \sim 75°$,副偏角 $\kappa_r' = 20° \sim 45°$。不通孔车刀主偏角 $\kappa_r \geqslant 90°$,刀尖在刀杆的最前端,刀尖到刀杆背面的距离只能小于孔径的一半,否则无法车平不通孔的底平面。

② 车孔刀的安装。刀尖应对准工件的中心,由于进刀方向与车外圆相反,粗车时可略低点,使工作前角增大便于切削,精车时略高一点,使其后角增大而避免产生扎刀。车

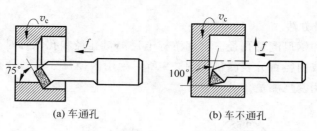

(a) 车通孔　　　　　　(b) 车不通孔

图 2-3　车孔

　　刀伸出刀架的长度尽量短,以免产生搬动,但不得小于工件孔深加上 3～5mm 的长度,如图 2-4 所示,以保证孔深。刀具轴线应与主轴平行,刀头可略向操作者方向偏斜。开车前先使车刀在孔内手动试走一遍,确认不妨碍车刀工作后,再开车切削。

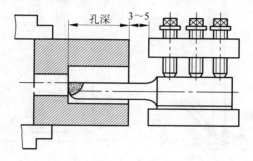

图 2-4　车孔刀的安装

　　③ 切削用量的选择。车孔时,因刀杆细,刀头散热条件差,排屑困难,易产生振动和让刀。所选用的切削用量要比车外圆时小些,调整方法与车外圆相同。

　　④ 试切法。与车外圆基本相同,其试切过程是开车对刀→纵向退刀→横向进刀→纵向切削 3～5mm→纵向退刀→停车测量。如已满足尺寸要求,可纵向切削。如未满足尺寸要求,可重新横向进刀调整切削深度,再试切,直至满足尺寸要求为止。与车外圆比较,不同点是横向进刀时,逆时针转动手柄为横向进刀,顺时针转动手柄为横向退刀,与车外圆时相反。

　　⑤ 控制孔深。可用图 2-5 所示的方法控制孔深。

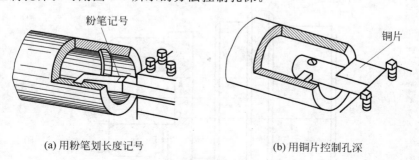

(a) 用粉笔划长度记号　　　　　　(b) 用铜片控制孔深

图 2-5　控制车孔深度的方法

　　由于车孔的条件比车外圆差,所以车孔的精度较低,一般尺寸公差等级可达 IT7～IT8 级,表面粗糙度为 $Ra=1.6～3.2\mu m$。

（2）孔的测量方法

可用内卡钳和钢尺测量孔径。常用游标卡尺测量孔径和孔深。对于精度要求高的孔可用内径千分尺或内径百分表测量。图 2-6 所示为用内径百分表测量孔径。对于大批量生产的工件孔可用塞规测量。

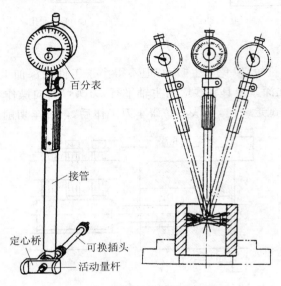

图 2-6　内径百分表测量孔径

 实践操作

1. 要求

以图 1-42 所示的工件为坯料，按图 2-7 所示工件孔的尺寸和粗糙度要求，进行钻孔和车孔。

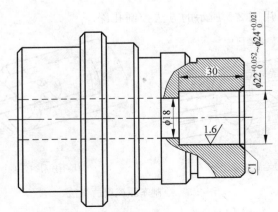

图 2-7　钻孔和车孔工件图（材料：HT150）

（1）安装工件。以 $\phi(66\pm0.1)$mm 和长度为 (30 ± 0.5)mm 台阶面为定位精基准,装夹在三爪卡盘内。

（2）安装钻头和车孔刀。把直径为 $\phi18$ 的钻头装在尾架套筒内,选择不通孔车刀并安装在方刀架上。

（3）切削用量。钻孔切削速度 $v_c=20\sim40$m/min$(n=350\sim700$r/min),进给为手动。车孔的切削速度 $v_c=30\sim50$m/min$(n=400\sim720$r/min),进给量 $f=0.1\sim0.3$mm/r,低的切削速度和大的进给量用于粗车孔,高的切削速度和小的进给量用于精车孔;按此用量调整车床。

（4）钻 $\phi18$ 孔按钻孔的方法步骤进行。

（5）车 $\phi(22\pm0.026)$mm$\sim\phi(24\pm0.01)$mm 的孔。为了增加学生的操作时间,可选取几个不同的尺寸公差供练习操作。如先用试切法车削精度低、公差较大的孔 $\phi(22\pm0.026)$mm、$\phi(23\pm0.026)$mm,最后用试切法车削精度高、公差较小的孔 $\phi(24\pm0.026)$mm。

2. 用内径百分表测量孔径

先用卡尺测量孔径,再用百分表测量孔径。根据孔径尺寸把内径百分表的可换触头换成 15~35mm 量程,利用外径千分尺校对尺寸,使表的指针调零。测量时,表的触头接触孔壁,左右移动摆杆,其最大读数值为孔径值。百分表大指针每转过一转为 1mm,转过每小格为 0.01mm。小指针每转过一小格为 1mm。方法如图 2-6 所示。

3. 动作要领

（1）在车床上钻孔时的注意事项

① 修磨横刃。钻削时轴向力大,使钻头产生弯曲变形,从而影响加工孔的形状,且钻头易折断。修磨横刃和减少横刃宽度可大大减少轴向力,改善切削条件,提高孔的加工质量。

② 切削用量适度。开始钻削时进给量小些,使钻头对准工件中心;头进入工件后进给量大些,以提高生产率;快要钻透时进给量小些,以防折断钻头。钻大孔时,车床旋转速度低些;钻小孔时,转速高些,使切削速度适度,改善钻小孔时的切削条件。

③ 操作要正确。装夹钻头后,钻头的中心必须对准工件的中心。调整尾架后,使尾架的位置必须能保证钻孔深度。钻削时,尾架套筒松紧适度、进给均匀等都是为了防止孔被钻偏。

（2）车孔时的注意事项

① 一次装夹。车孔时,如果孔与某些表面有位置公差要求时(与外圆表面的同轴度,与端面的垂直度等),则孔与这些表面必须在一次装夹中完成全部切削加工,否则难以保证其位置公差要求,如图 2-8 所示。如必须两次装夹时,则应校正工件,这样才能保证质量。

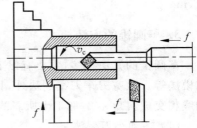

图 2-8　一次装夹

② 选择与安装车刀要正确。选择与安装好车刀后，一定要不开车手动试走一遍，确实不妨碍车刀工作后再开车切削。

③ 进刀方向。试切时，横向进给手柄转向不能搞错，逆时针转动为进，顺时针转动为退刀，与车外圆正好相反。如摇错，把退刀摇成进刀，则工件报废。

2.3.2 车圆锥

 **理论资讯**

将工件车削成圆锥表面的方法称为车圆锥。

1. 圆锥的种类及作用

圆锥按其用途分为一般用途和特殊用途两类。一般用途圆锥的圆锥角 α 大时，直接用角度表示，如 30°、45°、60°、90°，圆锥角较小时用锥度 C 表示，如 1：5、1：10、1：20、1：50。特殊用途圆锥是根据某种要求专门制定的，如 7：24、莫氏锥度。圆锥按其形状又分为内、外圆锥。

圆锥面配合不但拆卸方便，还可以传递扭矩，多次拆卸仍能保证准确的定心作用，所以应用很广。如一顶尖和中心孔的配合圆锥角 $\alpha=60°$，易拆卸零件的锥面锥度 $C=1：5$，工具尾柄锥面锥度 $C=1：20$，机床主轴锥孔锥度 $C=7：24$，特殊用途圆锥还应用于纺织、医疗等行业。

2. 圆锥各部分名称、代号及计算公式

圆锥体和圆锥孔的各部分名称、代号及计算公式均相同，圆锥体的主要尺寸如图 2-9 所示。

锥度为
$$C=\frac{D-d}{l}=\frac{2\tan\alpha}{2}$$

斜度为
$$S=\frac{D-d}{2l}=\frac{\tan\alpha}{2}$$

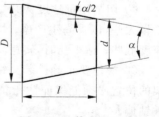

图 2-9 锥体主要尺寸

式中：α 为圆锥的锥角，$\alpha/2$ 为斜角（半锥角）；l 为锥面轴向长度，mm；D 为锥面大端直径，mm；d 为锥面小端直径，mm。

3. 车圆锥的方法

车圆锥的方法很多，主要有以下几种：转动小刀架法、尾架偏移法、宽刃车刀车削法、靠模法等。除宽刃车刀车削法外，其他几种车圆锥的方法，都是使刀具的运动轨迹与工件轴线相交成斜角 $\alpha/2$，加工出所需的圆锥体。

（1）转动小刀架法

要根据工件的锥度 C 或斜角 $\alpha/2$，将小刀架扳转 $\alpha/2$ 角。紧固后，摇动小刀架手柄，

使车刀沿圆锥面的母线移动,车出所需锥面,如图 2-10 所示。

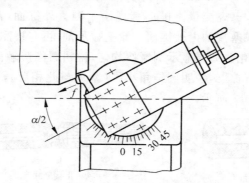

图 2-10　转动小刀架车圆锥

这种方法操作简单,能加工锥角很大的内外圆锥面,但由于受小刀架行程的限制,不能加工较长的锥面;而且操作中只能手动进给,不能机动进给,所以粗糙度较难控制。

（2）偏移尾架法

根据工件的锥度 C 或斜角 $\alpha/2$,把尾架顶尖偏移一个距离 s,使工件旋转轴线与车床主轴轴线交角等于斜角 $\alpha/2$。利用车刀纵向进给,车出所需的锥面,如图 2-11 所示。

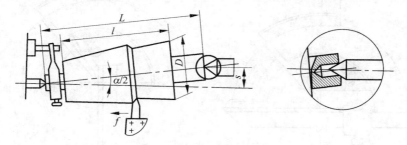

图 2-11　偏移尾架法车锥面

尾架偏移量为

$$s = L\,\frac{C}{2} = L\,\frac{D-d}{2l} = L\tan\frac{\alpha}{2}$$

式中:L 为工件长度,mm。

尾架偏移法能加工较长工件上的锥面,并能机动进给,但不能加工锥孔,一般斜角不能太大,$\alpha/2 < 8°$。常用于单件或成批生产。成批生产时,应保证工件的总长及中心孔的深度一致,否则在相同偏移量下会出现锥度误差。

4. 圆锥面工件的测量

圆锥面的测量主要是测量圆锥斜角(或圆锥角)和锥面尺寸。

（1）圆锥角度的测量

调整车床试切后,需测量锥面的角度是否正确。如不正确,需重新调整车床,再试切直至测量的锥面角度符合图样要求为止,才进行正式车削。常用以下两种方法测量锥面角度。

① 锥形套规或锥形塞规测量。锥形套规用于测量外锥面，锥形塞规用于测量内锥面。测量时，先在套规或塞规的内外锥面上涂上显示剂，再与被测锥面配合，转动量规，拿出量规观察显示剂的变化。如果显示剂摩擦均匀，说明圆锥接触良好，锥角正确。如果套规的小端擦着，大端没有擦着，说明圆锥角小了（塞规与此相反），要重新调整车床。锥形套规与锥形塞规如图 2-12 所示。

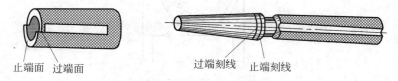

止端面　过端面　　　　　　　　　　过端刻线　止端刻线

图 2-12　锥形套规与锥形塞规

② 万能游标量角器测量。用万能游标量角器测量工件的角度如图 2-13 所示。这种方法测量角度范围大，测量精度为 $5' \sim 2'$。

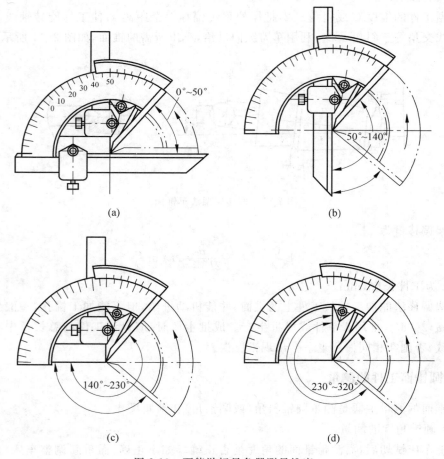

(a)　　　　　　　　　　　　　　(b)

(c)　　　　　　　　　　　　　　(d)

图 2-13　万能游标量角器测量锥度

（2）锥面尺寸的测量

锥角达到图样要求以后，再进行锥面长度及其大小端的车削。常用锥形套规测量外锥面的尺寸，如图 2-14 所示。用锥形塞规测量内锥面的尺寸，如图 2-15 所示。也可用卡尺测量锥面的大端或小端的直径来控制锥体的长度。

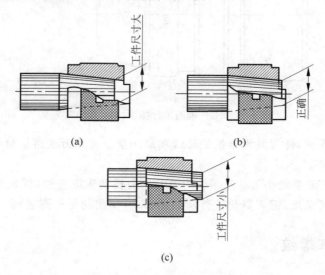

图 2-14　锥形套规测量外锥面

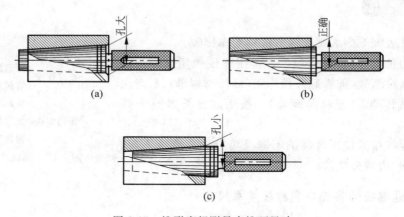

图 2-15　锥形塞规测量内锥面尺寸

 实践操作

以图 2-7 所示的工件为坯料，按图 2-16 所示工件车削外锥面，保证其锥度 $C=1:5=2\tan\alpha/2$（斜角 $\alpha/2=5°43'$），大端外径 $D=\phi(54\pm0.05)$mm。

采用转动小刀架法车削，先松开小刀架与转盘之间紧固螺栓，扳转小刀架角 $\alpha/2=5°43'$紧周转盘与小刀架的紧固螺栓，手动小刀架车削外锥面。

选用外圆车刀；车床主轴转速与车外圆时相同，转动横向进给手柄来调整切削深度，

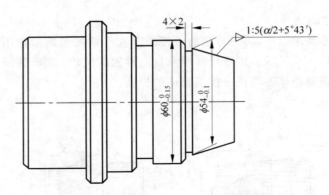

图 2-16　车外锥面工件图（材料：HT150）

转动小刀架进给手柄，使刀具沿锥面的母线移动车削。可用万能游标量角器测量锥角，用卡尺测量大端直径。

动作要领：只能手动小刀架进给；严禁大拖板机动纵向进给，因机动纵向进给时，虽然小刀架已扳转了角度，但刀具仍按外圆表面移动，车出的是外圆表面。

2.3.3　车螺纹

将工件表面车削成螺纹的方法称为车螺纹。

螺纹的种类很多，应用很广。常用螺纹的用途分为连接和传动螺纹两类，前者起连接作用（螺栓与螺母），后者用于传递运动和动力（丝杠与螺母）。按用途分类如图 2-17 所示。

各种螺纹按其使用性能的不同又可分为左旋或右旋、单线或多线、内或外螺纹。

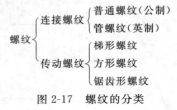

图 2-17　螺纹的分类

1. 普通螺纹的各部分名称及基本尺寸

普通螺纹牙型都为三角形，故又称三角形螺纹。

图 2-18 标注了三角形螺纹各部分的名称代号。螺距用 P 表示，牙型角用 α 表示。其他各部分名称及基本尺寸如下：

螺纹大径（公称直径）　　　$D(d)$

螺纹中径　　　　　　　　$D_2(d_2) = D(d) - 0.649P$

螺纹小径　　　　　　　　$D_1(d_1) = D(d) - 1.082P$

原始三角形高度　　　　　$H = 0.866P$

式中：D 为内螺纹直径（不标下角者为大径，标下角"1"为小径，标下角"2"为中径）；d 为外螺纹直径（不标下角者为大径，标下角"1"为小径，标下角"2"为中径）。

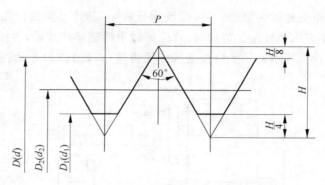

图 2-18　普通螺纹各部分名称

决定螺纹的基本要素有以下 3 个。

(1) 牙型角 α。它是螺纹轴向剖面内螺纹两侧面的夹角。公制螺纹 $\alpha=60°$，英制螺纹 $\alpha=55°$。

(2) 螺距 P。它是沿轴线方向相邻两牙之间对应点的距离。公制螺纹的螺距用 mm 表示，英制螺纹用每英寸上的牙数 D_p 表示，称 D_p 为径节。螺距 P 与径节 D_p 的关系为

$$P = 25.4/D_p$$

(3) 螺纹中径 $D_2(d_2)$。它是平分螺纹理论高度 H 的一个假想圆柱体的直径。在中径处螺纹的牙厚和槽宽相等。只有内外螺纹中径部一致时，两者才能很好地配合。

螺纹必须满足上述基本要素要求。

2. 螺纹车刀及其安装

(1) 螺纹车刀的几何角度，如图 2-19 所示，车三角形公制螺纹时，车刀的刀尖角等于螺纹牙型角 $\alpha=60°$，车三角形英制螺纹时，车刀的刀尖角 $\alpha=55°$。其前角 $\gamma_0=0°$ 才能保证工件螺纹的牙型角，否则牙型角将产生误差。只有粗加工时或螺纹精度要求不高时，其前角 $\gamma_0=5°\sim20°$。

(2) 螺纹车刀的安装如图 2-20 所示，刀尖对准工件的中心，用样板对刀，以保证刀尖角的角平分线与工件的轴线相垂直，车出的牙型角才不会偏斜。

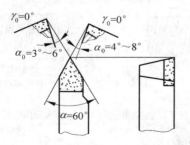

图 2-19　螺纹车刀的几何角度

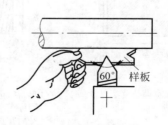

图 2-20　用样板对刀

3. 车床的调整

车螺纹时，必须满足的运动关系是：工件每转过一转时，车刀必须准确地移动一个工

件的螺距或导程(单头螺纹为螺距,多头螺纹为导程)。其传动路线简图如图 2-21 所示。这种关系是靠调整车床实现的。调整时,首先通过手柄把丝杠接通,再根据工件的螺距或导程,按进给箱标牌上所示的手柄位置变换配换齿轮(挂轮)的齿数及各进给变速手柄的位置。

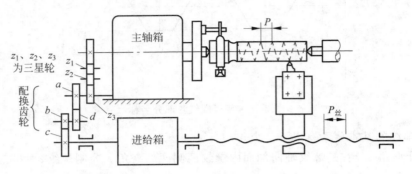

图 2-21 车螺纹时的传动

车右螺纹时,三星轮变向手柄调整在车右螺纹的位置上;车左螺纹时,变向手柄调整在车左螺纹的位置上,目的是改变刀具的移动方向,刀具移向床头时为车右螺纹,移向床尾时为车左螺纹。

4. 车螺纹的方法与步骤

以车削外螺纹为例,如图 2-22 所示。这种方法称为正反车法,适于加工各种螺纹。

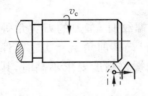

(a) 开车,使车刀与工件轻微接触,记下刻度盘读数,向右退出车刀

(b) 合上开合螺母,在工件表面上车出一条螺旋线,横向退出车刀

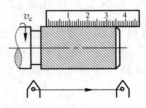

(c) 开反车把车刀退到工件右端,停车,用钢直尺检查螺距是否正确

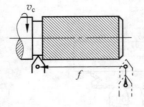

(d) 利用刻度盘调整背吃刀量,进行切削

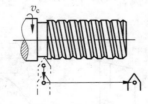

(e) 车刀将至行程终了时,应做好退刀停车准备,先快速退出车刀,然后开反车退回刀架

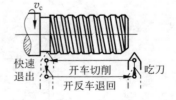

(f) 再次横向吃刀,继续切削,其切削过程的路线如图中所示

图 2-22 螺纹车削方法与步骤

另一种加工螺纹的方法是抬闸法,利用开合螺母手柄的抬起或压下来车削螺纹,这种方法操作简单,但易乱扣,只适于加工机床丝杠螺距是工件螺距整数倍的螺纹。与正反车

法的主要不同之处是车刀行至终点时,横向退刀后,不用开反车纵向退刀,而是抬起开合螺母手柄使丝杠与螺母脱开,手动纵向退回,再进刀车削。

车内螺纹的方法与车外螺纹基本相同,只是横向进给手柄的进退刀转向不同而已。对于直径较小的内、外螺纹可用丝锥或板牙攻出。

5. 螺纹的测量

螺纹主要测量螺距、牙型角和螺纹中径。因为螺距是由车床的运动关系来保证的,所以用钢尺测量即可。牙型角是由车刀的刀尖角以及正确安装来保证的,一般用样板测量。也可用螺距规同时测量螺距和牙型角,如图 2-23 所示。螺纹中径常用螺纹千分卡尺测量,如图 2-24 所示。

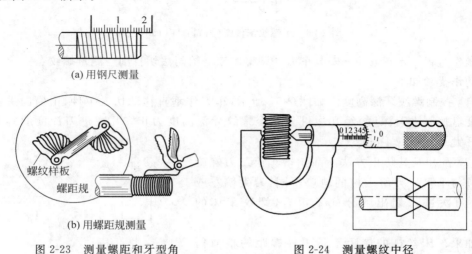

(a) 用钢尺测量

(b) 用螺距规测量

图 2-23 测量螺距和牙型角   图 2-24 测量螺纹中径

在成批大量生产中,多用图 2-25 所示的螺纹量规进行综合测量。

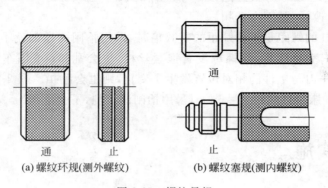

(a) 螺纹环规(测外螺纹)   (b) 螺纹塞规(测内螺纹)

图 2-25 螺纹量规

 实践操作

以图 2-16 所示的工件为坯料,按图 2-26 所示工件,进行车削 M60×2 的螺纹(M——

三角形螺纹代号；60——螺纹公称直径，mm；2——螺纹螺距，mm）。保证螺距 $P=$2mm，牙型角 $\alpha=60°$，中径 $d_2=58.7$mm。

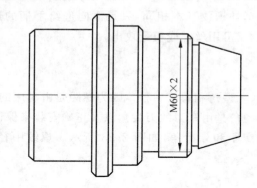

图 2-26   车螺纹工件图（材料：HT150）

操作过程：装夹工件→安装车刀→调整车床→抬闸法切自削→测量螺纹。

动作要领如下。

（1）控制螺纹牙深高度。如图 2-27 所示，车刀作垂直移动切入工件，由横向进给手柄刻度盘控制进刀深度，经几次进刀切至螺纹牙深高度为止。几次进刀深度的总和比 $0.54P$ 大 $0.05\sim0.1$mm。

（2）乱扣及其防止方法。乱扣指车第二刀螺旋槽轨迹与车第一刀所走过的轨迹不同，刀尖偏左或偏右，两次进刀切出的牙底不重合，螺纹车坏的现象。

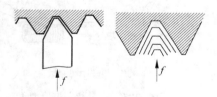

图 2-27   垂直进刀控制牙深

如果车床丝杠的螺距不是工件螺距的整数倍时，采用抬闸法车削就会乱扣，而采用正反车法车削，使开合螺母在退刀时仍保持抱紧车床丝杠的状态，运动关系没有改变，就不会乱扣。

如果车床丝杠的螺距是工件螺距的整数倍时，采用抬闸法车削就不会乱扣。但如果开合螺母手柄没有完全压合，使螺母没有抱紧丝杠，也会乱扣；或因车刀重磨后重新安装，没有对刀，使车刀与工件的相对位置发生了变化，则也会乱扣。图 2-26 所示工件螺距 $P=2$mm，C618 车床丝杠螺距 $P=6$mm，采用抬闸法车削，不会乱扣。

2.4   任务实施

1. 千斤顶车削准备工作

（1）工件毛坯

材料：45 号圆钢；毛坯尺寸：$\phi30$mm$\times94$mm、$\phi70$mm$\times68$mm，如图 2-28 所示。

(a) 螺杆毛坯

(b) 底座毛坯

图 2-28　千斤顶毛坯

（2）工艺装备

三爪自定心卡盘、钻夹头、中心钻、螺纹车刀、螺纹量规、车槽刀、滚花刀、钢板尺、0.02mm/（0～150mm）的游标卡尺；将 45°、90°高速钢车刀装夹在刀架上，并将刀尖对准工件轴线。麻花钻头安装在尾座钻夹头上。

（3）设备、材料、工具清单

设备、材料、工具清单如表 2-1 所示。

表 2-1　设备、材料、工具清单

项　　目	序号	名　　称	作　　用	数量	型　　号
所用设备和刀具	1	车床	加工工作地	1	CA6140
	2	90°车刀（高速钢）	车削外圆	1	14mm×14mm
	3	45°车刀（高速钢）	车削端面、倒角	1	14mm×14mm
	4	切断刀	车槽、切断	1	12mm×4mm
	5	麻花钻	钻孔	2	ϕ12mm、ϕ25mm
	6	滚花刀	滚花	1	双轮网状
	7	外螺纹车刀	外螺纹	1	普通公制三角螺纹外车刀
	8	内螺纹车刀	内螺纹	1	普通公制三角螺纹内车刀
毛坯材料	1	45 号钢	毛坯材料	2	ϕ30mm、ϕ70mm
所用工具、量具	1	游标卡尺	测量	1	0～150mm
	2	千分尺	测量	1	25～50mm
	3	钢板尺	测量	1	150mm
	4	百分表	测量	1	0～5mm

2. 千斤顶加工车削步骤

1）千斤顶螺杆加工

（1）车端面

用三爪卡盘装夹毛坯，工件装夹长度 30mm，用 45°车刀车端面。调整机床：$a_p =$ 0.5mm，$f = 0.16$mm/r，$n = 185$r/min，车平即可，如图 2-29 所示。

（2）钻中心孔

用中心钻在已加工完的端面钻 ϕ4mm 的中心孔，调整机床 $n = 610$r/min，手摇尾座手轮慢速均匀进给,如图 2-30 所示。

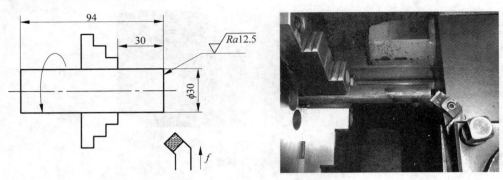

图 2-29　车削端面(千斤顶螺杆加工)

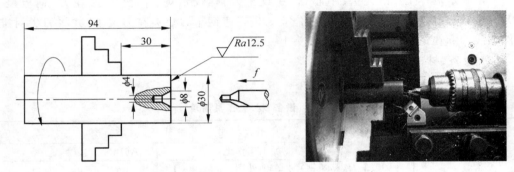

图 2-30　钻中心孔(千斤顶螺杆加工)

（3）车台阶（工艺台阶）

调头装夹工件,工件伸出装夹长度 40mm。调整机床：用 90°车刀车台阶,$a_p=1$mm,$f=0.16$mm/r,$n=185$r/min,车削成 $\phi25$mm×10mm 与 $\phi28$mm×23mm 的外圆,如图 2-31 所示。

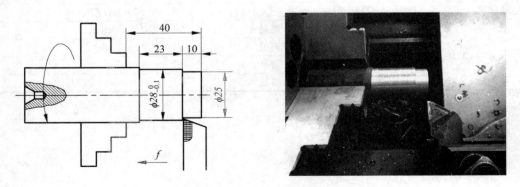

图 2-31　车台阶(工艺台阶)(千斤顶螺杆加工)

（4）滚花

首先安装双轮滚花刀,在 $\phi28$mm×23mm 外圆处加工滚花。调整机床：$f=$

0.16mm/r(纵向自动进给)，$n=76$r/min。注意切削液连续的润滑、清洗，且一次加工完成，要求加工后网纹均匀、清晰、深度适中，如图 2-32 所示。

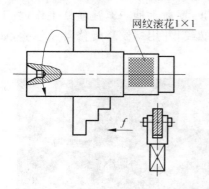

图 2-32 滚花（千斤顶螺杆加工）

（5）车外圆（螺纹大径）

用一夹一顶的方式装夹工件，在 $\phi25$mm 处装夹，让台阶面接触卡盘端面，90°车刀车削。调整机床：$a_p=1$mm，$f=0.16$mm/r，$n=305$r/min，车削成 $\phi15.7$mm $\times60$mm 的外圆，倒角 $2\times45°$，如图 2-33 所示。

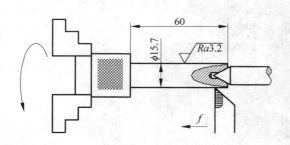

图 2-33 车外圆（千斤顶螺杆加工）

（6）车槽（退刀槽）

在车削完螺纹大径后，换车槽刀进行加工。调整机床：$n=305$r/min。加工出 $\phi13.5$mm、宽 6mm 的退刀槽，如图 2-34 所示。

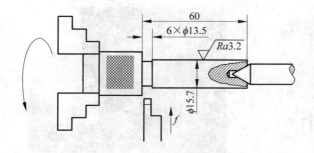

图 2-34 车槽（千斤顶螺杆加工）

（7）车外螺纹

选用正反车的方法车削外螺纹。首先安装外螺纹车刀，然后调整机床：$a_p = 0.1\text{mm}$，$f = 0.16\text{mm/r}$，$n = 76\text{r/min}$，A 手柄→公制，B 手柄→Ⅱ，罗通手柄→3，让丝杠工作，放下开合螺母，多次走刀车削加工出 M16mm×2mm 的外螺纹，并用螺纹环规修整及检验，如图 2-35 和图 2-36 所示。

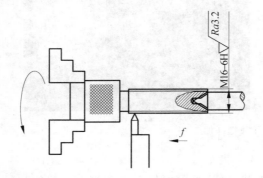

图 2-35　车外螺纹（千斤顶螺杆加工）

图 2-36　套螺纹（千斤顶螺杆加工）

（8）车圆锥

① 使用螺纹专用夹具装夹工件，用 45° 车刀车端面保证长度为 32mm，如图 2-37 所示。

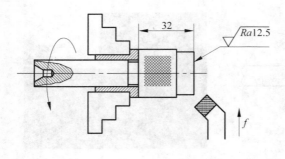

图 2-37　车端面（千斤顶螺杆加工）

② 转动小刀架法车削圆锥。首先小拖板逆时针转动 32°30′，用 90°车刀车削，然后调整机床：$a_p=1mm$，$n=305r/min$，手摇小刀架手轮慢速均匀进给，多次走刀车削加工出圆锥体，如图 2-38 所示。

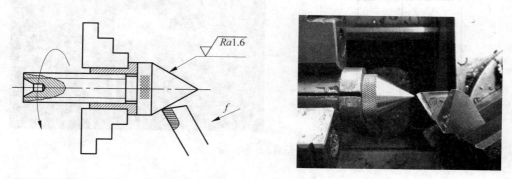

图 2-38　车圆锥（千斤顶螺杆加工）

2）千斤顶底座加工

（1）车端面

用三爪卡盘装夹毛坯，工件装夹伸出长度 40mm，用 45°车刀车端面，车平即可。调整机床：$a_p=0.5mm$，$f=0.11mm/r$，$n=185r/min$，如图 2-39 所示。

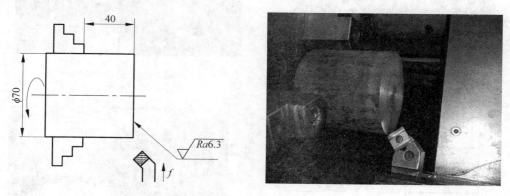

图 2-39　车端面（千斤顶底座加工）

（2）车外圆

用 45°车刀车削。调整机床：$a_p=1mm$，$f=0.16mm/r$，$n=120r/min$，车削成 $\phi68mm\times30mm$ 的外圆，如图 2-40 所示。

（3）钻孔

① 调头安装工件，车端面，车平即可，如图 2-41 所示。

② 用中心钻钻中心孔，为麻花钻钻孔找准位置，如图 2-42 所示。

③ 选择规格为 $\phi14mm$ 的麻花钻，双手摇动尾座手柄均匀进给，钻通孔，车床主轴转速为 185r/min，同时浇注充分的乳化液，如图 2-43 所示。

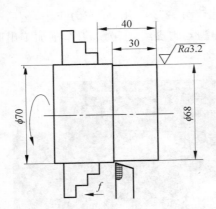

图 2-40　车外圆（千斤顶底座加工）

图 2-41　车平面图　　　　　　　　　　图 2-42　钻中心孔

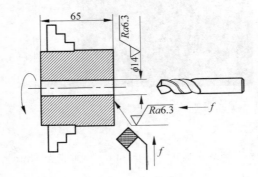

图 2-43　钻孔（千斤顶底座加工）

（4）车台阶

安装工件，工件装夹伸出长度 60mm，用活头顶尖顶住 $\phi14$mm 孔，用 $90°$ 车刀粗车外圆 $\phi50$mm，长度 49mm。调整机床：$a_p = 1$mm，$f = 0.16$mm/r，$n = 305$r/min，如图 2-44 所示。

（5）扩孔

调头夹紧工件，扩孔 $\phi25$mm，深度为工件总件长度减去 25mm，调整机床：

$a_p=12.5\text{mm}$，$n=305\text{r/min}$，双手摇动尾座手柄均匀进给，同时浇冷却液，如图 2-45 所示。

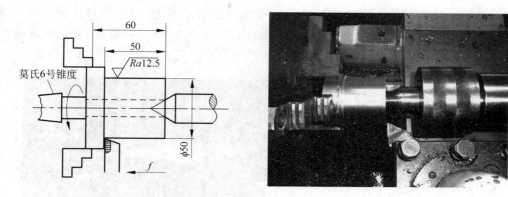

图 2-44　车台阶(千斤顶底座加工)

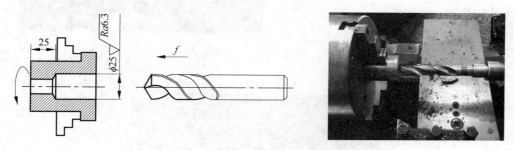

图 2-45　扩孔(千斤顶底座加工)

（6）车圆锥

调头装夹工件，工件装夹伸出长度为 55mm，转动小刀架法车削圆锥。首先，小拖板逆时针转动 $15°40'$，用 $90°$ 车刀车削，然后调整机床：$a_p=1\text{mm}$，$n=305\text{r/min}$，手摇小刀架手轮慢速均匀进给，多次走刀车削加工出圆锥体，如图 2-46 所示。

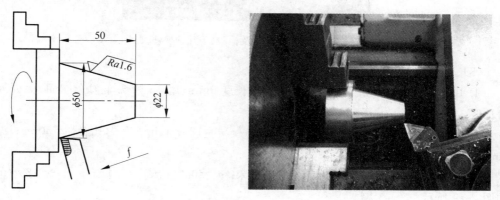

图 2-46　车圆锥(千斤顶底座加工)

（7）车内螺纹

选用正反车的方法车削外螺纹。首先装夹工件，安装内螺纹车刀，然后调整机床：$a_p = 0.1mm，f = 0.16mm/r，n = 76r/min$，A 手柄→公制，B 手柄→Ⅱ，罗通手柄→3，让丝杠工作，放下开合螺母。多次走刀车削加工出 M16mm×2mm 的内螺纹，并用螺纹塞规修整及检验，如图 2-47 和图 2-48 所示。

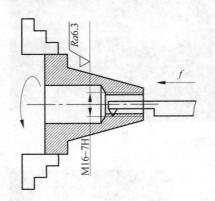

图 2-47　车内螺纹（千斤顶底座加工）

图 2-48　螺纹塞规修整及检验（千斤顶底座加工）

（8）车端面、车内孔台阶、倒角

① 用三爪卡盘装夹工件，工件装夹伸出长度 6mm，用 45°弯头车刀车端面，保证外台阶长度 15mm。

② 调整机床：$a_p = 0.5mm，f = 0.11mm/r，n = 185r/min$。车内孔台阶 $\phi50mm$，深度 1mm，用 45°弯头车刀车削。

③ 用 45°弯头车刀倒角 2×45°。调整机床：$a_p = 0.5mm，f = 0.11mm/r，n = 185r/min$，如图 2-49 所示。

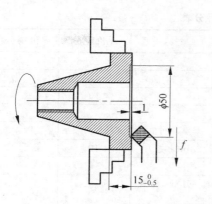

图 2-49 车端面、车内孔台阶、倒角（千斤顶底座加工）

3. 结束工作

（1）自检

加工完毕，卸下工件，仔细测量各部分尺寸，装配工件，检验其装配精度，如图 2-50 所示。

图 2-50 装配

（2）清理

工件上交，清点工具，收拾工作场地。

（3）评价

每位同学车削完一件后，结合评分标准，对自己的产品进行评价，对出现的质量问题分析原因，并找出改进措施。

2.5 任务评价

千斤顶加工任务评分表如表 2-2 所示。

表 2-2　千斤顶加工任务评分表

评价类别	评价项目	评价标准	评价配分	评价得分
专业能力	外圆	$\phi 28^{+0.10}_{-0.10}$ mm	5	
		$\phi 68^{+0.10}_{-0.10}$ mm	5	
	内孔	$\phi 26^{0}_{-1}$ mm	10	
	长度	$92^{+0.10}_{-0.10}$ mm	5	
		$65^{+0.20}_{-0.20}$ mm	5	
	表面粗糙度	$Ra \leqslant 6.3 \mu m$（2 处）、$Ra \leqslant 3.2 \mu m$（1 处）	10	
	倒角、毛刺	各倒边处无毛刺、有倒角	5	
	工具、设备的使用与维护	正确、规范使用工具、量具、刃具，合理保养与维护工具、量具、刃具	5	
		正确、规范地使用设备，合理保养维护设备	5	
		操作姿势正确，动作规范	5	
	安全及其他	安全文明生产，按国家颁布的有关法规或企业自定的有关规定执行	5	
		操作方法及工艺规程正确	5	
	完成时间	45min	10	
社会能力	团队协作	小组成员之间合作良好	5	
	职业意识	工具、夹具、量具使用合理、准确，摆放整齐；节约使用原材料，不浪费；做到环保	5	
	敬业精神	遵守纪律，具有爱岗敬业、吃苦耐劳精神	5	
方法能力	计划与决策	计划和决策能力较好	5	

任务 3　钢筋缠绕钩加工

3.1　任务目标

（1）熟练正确使用常用的刀具、量具及夹具。

（2）熟练掌握车削加工的工艺特点及加工范围。

（3）熟练掌握车床的使用与车削用量的选择，可以加工符合图纸要求的产品。

（4）熟练掌握车床上加工孔的方法并保证质量。

（5）熟练掌握车削沟槽的方法及对沟槽进行质量评价。

（6）熟练掌握用转动小滑板法车削圆锥体的加工方法。

（7）熟练掌握滚花加工方法并保证加工产品的质量。

（8）学会车削加工与钳工相互配合完成零件装配并保证精度。

（9）能够遵守生产现场"6S"管理规范及进行团结协作地工作。

（10）有高标准地质量、安全、环保意识，规范职业素养。

3.2　任务描述

1. 工作任务——钢筋缠绕钩加工

车削加工的钢筋缠绕钩由钢筋缠绕钩手柄和钢筋缠绕钩心轴两部分组成，如图 3-1所示。

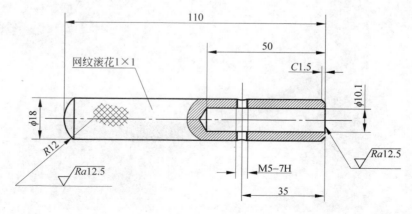

(a) 钢筋缠绕钩手柄零件图

图 3-1　钢筋缠绕钩

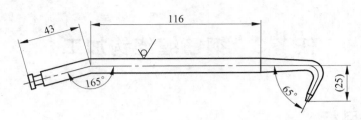

折弯前尺寸

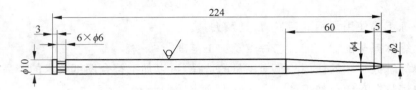

(b) 钢筋缠绕钩心轴零件图

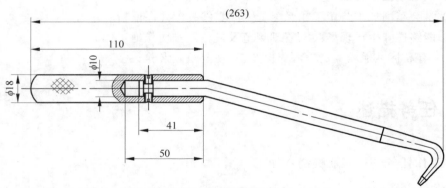

(c) 钢筋缠绕钩装配图

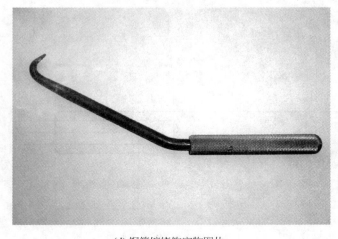

(d) 钢筋缠绕钩实物图片

图 3-1(续)

2. 工艺分析

（1）产品的两部分要分别车削加工后装配，并保证心轴在手柄中转动的灵活性与稳定性。

（2）车削时，工件必须在车床夹具中定位并夹紧，使其在整个车削过程中始终保持正确的位置。工件装夹的是否正确、可靠，将直接影响加工质量和生产率，应十分重视。

（3）从便于加工角度考虑，在工艺安排时，应适当地加工工艺台阶过渡。

（4）钢筋缠绕钩手柄滚花时，应选用适宜的工件装夹方式保证花纹的均匀清晰性，并在加工内孔时需要专用夹具装夹工件，以避免破坏前道工序的加工效果。

（5）钢筋缠绕钩在车削加工后，要选用适当的钳工工艺，如攻丝、冷弯。

3.3 知识探究

车成形面与滚花

1. 车成形面

将工件表面车削成形面的方法称为车成形面。

（1）成形面的用途与车削方法

有些零件如手柄、手轮、圆球，为了使用方便且美观、耐用等原因，它们的表面不是平直的，而是做成曲面的；还有些零件如材料力学实验用的拉伸试验棒、轴类零件的连接圆弧等，为了使用上的某种特殊要求，需把表面做成曲面。这种具有曲面形状的表面称为成形面（或特形面）。

成形面的车削方法有下面几种。

① 用普通车刀车成形面。这种方法也称为双手摇法。它靠双手同时摇动纵向和横向进给手柄进行车削，使刀尖的运动轨迹符合工件的曲面形状。所用的刀具是普通车刀，并用样板反复度量，最后用锉刀和砂布修整，才能达到尺寸公差和表面粗糙度的要求。这种方法要求操作者具有较高技术，但不需特殊工具和设备，生产中被普遍采用，多用于单件小批生产。加工方法如图 3-2 所示。

② 成形车刀车成形面。这种方法是利用与工件轴向剖面形状完全相同的成形车刀来车出所需的成形面，也称为样板刀法，如图 3-3 所示。主要用于车削尺寸不大且要求不太精确的成形面。

③ 靠模法车成形面。这种方法是利用刀尖的运动轨迹与靠模（板或槽）的形状完全相同的方法车出成形面的，如图 3-4 所示为加工手柄的成形面。此时，横刀架（中拖板）已

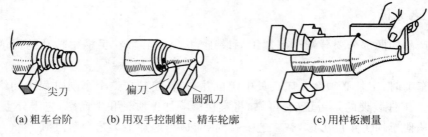

(a) 粗车台阶　　　(b) 用双手控制粗、精车轮廓　　　(c) 用样板测量

图 3-2　普通车刀车成形面

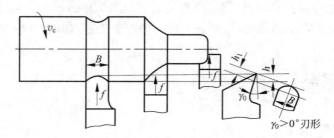

图 3-3　成形车刀车成形面

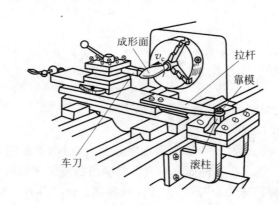

图 3-4　靠模法车成形面

经与丝杠脱开,其前端的拉杆上装有滚柱。当大拖板纵向走刀时,滚柱在靠模的曲线槽内移动,从而使车刀刀尖的运动轨迹与曲线槽形状相同,同时用小刀架控制切削深度,即可车出手柄的成形面。这种方方法操作简单,生产率高,多用于大批量生产。当靠模为斜槽时,可用于车削锥体。

（2）车成形面所用的车刀

用普通车刀车成形面时,粗车刀的几何角度与普通车刀完全相同。精车刀是圆弧车刀,主切削刃是圆弧刃,半径应小于成形面的圆弧半径,所以圆弧刃上各点的偏角是变化的。后刀面也是圆弧面,主切削刃上各点后角不宜磨成相等,一般 $\alpha_0 = 6° \sim 12°$。由于切削刃是弧刃,切削时接触面积大,易产生振动,所以要磨出一定的前角,一般 $\gamma_0 = 10° \sim 15°$,以改善切削条件。

用成形车刀车成形面时,粗车也采用普通车刀车削,形状接近成形面后,再用成形车刀精车。刃磨成形车刀时,用样板校正其刃形。当刀具前角 $\gamma_o = 0°$ 时,样板的形状与工件轴向剖面形状一致。当 $\gamma_o > 0°$ 时,样板的形状不是工件轴向剖面形状,且随着前角的变化,样板的形状也变化。因此,在单件小批生产中,为了便于刀具的刃磨和样板的制造,防止产生加工误差,常选用 $\gamma_o = 0°$ 的成形车刀进行车削。在大批大量生产中,为了提高生产率和防止产生加工误差,需用专门设计 $\gamma_o > 0°$ 的成形车刀进行车削。

2. 滚花

用滚花刀将工件表面滚压出直线或网纹的方法称为滚花。

（1）滚花表面的用途及加工方法

各种工具和机械零件的手握部分,为了便于握持防止打滑和美观,常常在表面上滚压出各种不同的花纹,如千分尺的套管、铰杠扳手及螺纹量规等。这些花纹一般都是在车床上用滚花刀滚压而成的,如图3-5所示。

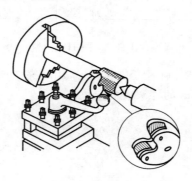

图3-5　滚花

滚花的实质是用滚花刀对工件表面挤压,使其表面产生塑性变形而形成花纹。因此,滚花后的外径比滚花前的外径增大 0.02～0.05mm。滚花时切削速度要低些,一般还要充分供给冷却润滑液,以免研坏滚花刀和防止产生乱纹。

（2）滚花刀的种类

滚花刀按花纹的式样分为直纹和网纹两种,其花纹的粗细决定于不同的滚花轮。按滚花轮的数量又可分为单轮、双轮、三轮滚花刀三种,如图3-6所示。最常用的是网纹式双轮滚花刀。

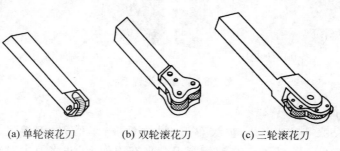

(a) 单轮滚花刀　　　(b) 双轮滚花刀　　　(c) 三轮滚花刀

图3-6　滚花刀

实践操作

按图 3-7 所示手柄,进行车削 $\phi15$mm 的圆球表面。

加工步骤:①下料,选用 $\phi16$mm 圆钢棒料,下料长度 100mm;②车左端面,钻左端中心孔;③车左端外圆 $\phi8$mm $\times84$mm、$\phi5.8$mm $\times8$mm 尺寸及倒角;④套螺纹,用扳牙套 M6 螺纹;⑤调头车削球面 $S\phi15$。

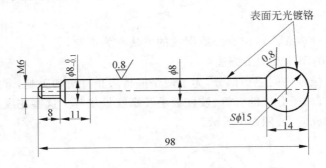

图 3-7 车成形面工件图(手柄杆)(材料:45 号钢)

动作要领:车手柄杆左端外圆及套螺纹时,采用一夹一顶(夹右端,顶左端)的装夹方法。调头车削圆球时,以 $\phi8$mm 的外圆表面定位。

3.4 任务实施

1. 钢筋缠绕钩加工准备工作

(1) 工件毛坯

材料:45 号圆钢;毛坯尺寸:$\phi20$mm $\times130$mm、$\phi10$mm $\times235$mm,如图 3-8 所示。

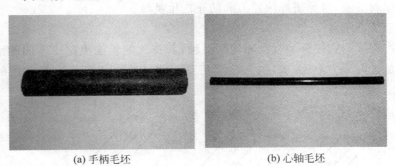

(a) 手柄毛坯   (b) 心轴毛坯

图 3-8 钢筋缠绕钩毛坯

(2) 工艺装备

三爪卡盘、钻夹头、中心钻、螺纹车刀、螺纹量规、车槽刀、钢板尺、0.02mm/(0～150mm) 的游标卡尺;将 45°、90°高速钢车刀装夹在刀架上,并将刀尖对准工件轴线;中

心钻安装在尾座钻夹头上。

（3）设备、材料、工具清单。

设备、材料、工具清单如表 3-1 所示。

表 3-1　设备、材料、工具清单

项　目	序号	名　称	作　用	数量	型　号
所用设备和刀具	1	车床	加工工作地	1	CA6140
	2	90°车刀（高速钢）	车削外圆	1	14mm×14mm
	3	45°车刀（高速钢）	车削端面、倒角	1	14mm×14mm
	4	切断刀	车槽、切断	1	12mm×4mm
	5	麻花钻	钻孔	1	ϕ10mm
	6	滚花刀	滚花	1	1mm×1mm
毛坯材料	1	45 号钢	毛坯材料	2	45#
所用工具、量具	1	游标卡尺	测量	1	0～150mm
	2	千分尺	测量	1	25～50mm
	3	钢板尺	测量	1	150mm
	4	百分表	测量	1	0～5mm

2. 钢筋缠绕钩加工车削步骤

1）钢筋缠绕钩手柄加工

（1）车工艺台阶

用三爪卡盘装夹毛坯，工件装夹伸出长度 20mm，用 45°车刀车端面，用 90°车刀车外圆，车削台阶 ϕ15mm×8mm。调整机床：$a_p = 1 \sim 2$mm，$f = 0.16$mm/r，$n = 280$r/min，如图 3-9 所示。

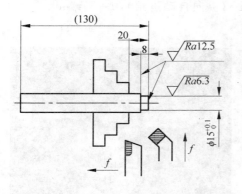

图 3-9　车削端面（钢筋缠绕钩手柄加工）

（2）钻中心孔

工件调头装夹，装夹伸出长度 15mm，用 45°车刀车端面，用中心钻在端面钻 ϕ4mm 的中心孔，调整机床：$n = 630$r/min，手摇尾座手轮慢速均匀进给，如图 3-10 所示。

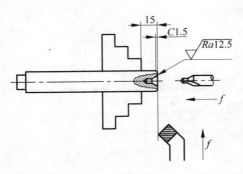

图 3-10   钻中心孔（钢筋缠绕钩手柄加工）

（3）车外圆

用一夹一顶的方式装夹工件，卡盘夹在 φ15mm 外圆处，用 90°车刀车削。调整机床：粗车时，$a_p=1mm$；精车时，$a_p=0.25mm$，$f=0.16mm/r$，$n=180r/min$，如图 3-11 所示。

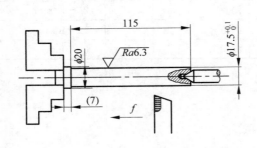

图 3-11   一夹一顶车外圆（钢筋缠绕钩手柄加工）

（4）滚花

安装双轮滚花刀。调整机床：$f=0.16mm/r$（纵向自动进给），$n=76r/min$，$a_p=1\sim 2mm$。滚花长度 100mm，如图 3-12 所示。

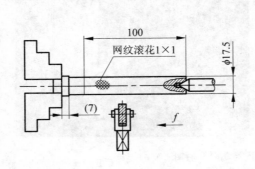

图 3-12   滚花（钢筋缠绕钩手柄加工）

（5）钻孔

① 用专用夹具装夹工件，工件伸出长度 20mm，用中心钻钻孔，为麻花钻钻孔找准

位置。

② 选择规格为ϕ10mm 的麻花钻,双手摇动尾座手柄均匀进给,钻削深度 50mm,车床主轴转速为 280/min,同时浇注充分的乳化液,如图 3-13 所示。

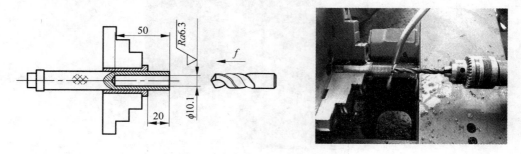

图 3-13　钻孔(钢筋缠绕钩手柄加工)

（6）车端面

调头用专用夹具装夹工件,工件装夹伸出长度 30mm,用 45°车刀车端面,保证总长为110mm。调整机床:$a_p = 2$mm,$f = 0.16$mm/r,$n = 280$r/min,如图 3-14 所示。

图 3-14　车端面(钢筋缠绕钩手柄加工)

（7）车曲形面

在三爪卡盘上用专用夹具装夹工件,伸出长度 15mm。调整机床:$a_p = 1$mm,$n = 180$r/min,中拖板横向手动均匀进给,如图 3-15 所示。

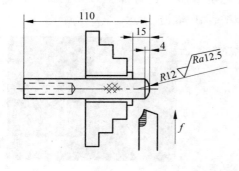

图 3-15　车曲形面(钢筋缠绕钩手柄加工)

（8）钻床钻孔

在钻床装夹φ4.2mm麻花钻，使用钻床专用夹具钻孔，如图3-16所示。

图 3-16　钻床钻孔（钢筋缠绕钩手柄加工）

（9）攻丝

M5丝锥手动攻丝，如图3-17所示。

图 3-17　攻丝（钢筋缠绕钩手柄加工）

2）钢筋缠绕钩心轴加工

（1）车端面、车槽

用三爪卡盘装夹毛坯，工件装夹伸出长度15mm，用45°车刀车端面。调整机床：$a_p=$ 1mm，$f=0.16$mm/r，$n=280$r/min，车平即可，再换车槽刀进行加工。调整机床：$a_p=$ 1mm，$n=280$r/min，加工出φ6mm、宽6mm的沟槽，如图3-18所示。

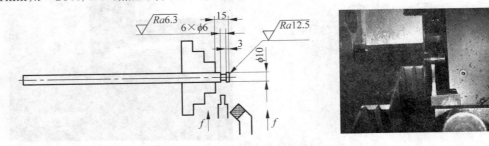

图 3-18　车端面、车槽（钢筋缠绕钩心轴加工）

（2）钻中心孔

调头装夹工件，工件装夹伸出长度 10mm，中心钻装夹在钻夹上，调整机床：$n=$ 630r/min，手摇尾座手轮慢速均匀进给，如图 3-19 所示。

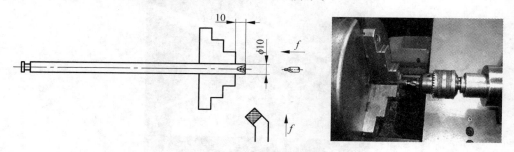

图 3-19　钻中心孔（钢筋缠绕钩心轴加工）

（3）车长圆锥

① 一夹一顶方式装夹工件。

② 转动小刀架法车削圆锥。首先小拖板逆时针转动 2°30′，用 45°车刀车削，然后调整机床 $n=280$r/min，手摇小刀架手轮慢速均匀进给，多次走刀车削加工出圆锥体，如图 3-20 所示。

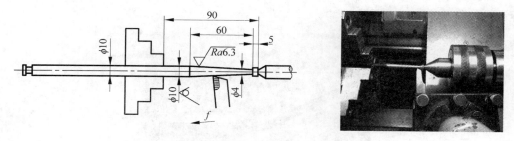

图 3-20　车长圆锥（钢筋缠绕钩心轴加工）

（4）车小锥

用转动小刀架法车削圆锥。首先小拖板逆时针转动 7°，用专用夹具装夹工件，用 90°车刀车削，然后调整机床 $n=280$r/min，手摇小刀架手轮慢速均匀进给，多次走刀车削加工出圆锥体，如图 3-21 所示。

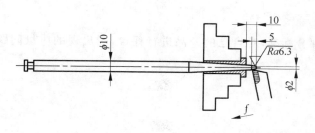

图 3-21　车小锥（钢筋缠绕钩心轴加工）

（5）冷弯

在台虎钳上夹持工件，利用专用工具冷弯工件30°，如图3-22所示。

图3-22　冷弯（钢筋缠绕钩心轴加工）

3. 结束工作

（1）自检

加工完毕，卸下工件，仔细测量各部分尺寸，装配工件，检验其装配精度，如图3-23所示。

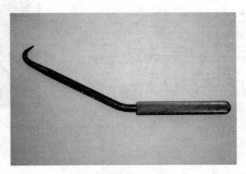

图3-23　装配

（2）清理

工件上交，清点工具，收拾工作场地。

（3）评价

每位同学车削完一件后，结合评分标准，对自己的产品进行评价，对出现的质量问题分析原因，并找出改进措施。

3.5　任务评价

钢筋缠绕钩加工任务评分表如表3-2所示。

表 3-2 钢筋缠绕钩加工任务评分表

评价类别	评价项目	评价标准	评价配分	评价得分
专业能力	外圆	$\phi(18\pm0.10)$ mm	5	
		$\phi10_{-0.01}^{0}$ mm	5	
	内孔	$\phi10_{0}^{+0.10}$ mm	10	
	长度	$110_{-0.10}^{+0.10}$ mm	5	
		$224_{-0.10}^{+0.10}$ mm	5	
	表面粗糙度	$Ra\leqslant12.5\mu m$、$Ra\leqslant6.3\mu m$	10	
	倒角、毛刺	各倒边处无毛刺、有倒角	5	
	工具、设备的使用与维护	正确、规范使用工具、量具、刃具,合理保养与维护工具、量具、刃具	5	
		正确、规范地使用设备,合理保养维护设备	5	
		操作姿势正确,动作规范	5	
	安全及其他	安全文明生产,按国家颁布的有关法规或企业自定的有关规定执行	5	
		操作方法及工艺规程正确	5	
	完成时间	45min	10	
社会能力	团队协作	小组成员之间合作良好	5	
	职业意识	工具、夹具、量具使用合理、准确,摆放整齐;节约使用原材料,不浪费;做到环保	5	
	敬业精神	遵守纪律,具有爱岗敬业、吃苦耐劳精神	5	
方法能力	计划与决策	计划和决策能力较好	5	

铣 削 加 工

目标要求

知识目标：

（1）了解铣削加工的工艺特点及加工范围。

（2）初步了解铣床的型号、结构，并能正确操作。

（3）掌握铣削加工的基本准备，如刀具选择合理、维护及工件的安装方式。

能力目标：

（1）能正确使用常用的刀具、量具及夹具。

（2）能独立加工一般中等复杂程度零件，具有一定的操作技能。

（3）能制定简单的铣削加工顺序和工艺文件。

素质目标：

（1）通过学习，领悟机械加工技能在工业生产和社会生活中的应用，进一步认识到其应用价值。

（2）在实际加工中，锻炼学生的实际动手操作能力，同时激发学生的学习兴趣，使学生在实际操作中学习产品及其零部件冷热加工方法的相关知识，加深学生对机械加工工艺学知识的理解。

（3）培养独立思考、勤于思考、善于提问的学习习惯，进一步树立崇尚科学精神，坚定求真、严谨求实和开拓创新的科学态度，形成科学的世界观。

（4）培养学生树立职业意识，按照企业的"6S"质量管理体系要求学生。"6S"即整理、整顿、清扫、清洁、素养、安全。

（5）在项目任务完成的过程中，培养学生的团队协作、沉着应变、爱岗敬业的精神。

安全规范

（1）穿戴合适的工作服，长头发要压入帽内，不戴手套操作。

（2）两人共用一台车床时，只能一人操作，并注意他人的安全。

（3）开车前，检查各手柄的位置是否到位，确认正常后才准许开车。

（4）开车后，人不能靠近正在旋转的工件，更不能用手触摸工件的表面，也不能用量具测量工件的尺寸，以防发生人身安全事故。

（5）工件必须压紧夹牢，以防发生事故。

（6）发生事故时，立即关闭车床电源。

（7）工作结束后，关闭电源，清除切屑，细擦机床，加油润滑，保持良好的工作环境。

任务 4　正方体凸凹配合件加工

4.1　任务目标

(1) 学会正方体凸凹配合零件的铣削加工工艺过程与加工工艺方法。
(2) 学会正方体凸凹配合零件用普通铣床加工的操作使用步骤。
(3) 学会普通铣削常用刀具的种类和用途。
(4) 学会铣床的使用与铣削用量的选择原则和方法。
(5) 掌握正方体凸凹配合零件材料的切削性能。
(6) 学会正方体凸凹配合零件表面铣削加工时铣刀的选择与安装方法。
(7) 学会平面尺寸、位置公差的检测方法。
(8) 能够提高质量、安全、环保意识。

4.2　任务描述

1. 工作任务——正方体凸凹配合件铣削加工

铣削如图 4-1 所示的正方体凸凹配合件,该正方体凸凹配合件由上、下两部分组成。

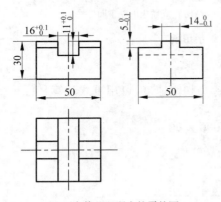

(a) 正方体凸凹配合件零件图

(b) 正方体凸凹配合件图片

图 4-1　正方体凸凹配合件

2. 工艺分析

(1) 正方体凸凹配合件加工尺寸精度 IT9,表面质量 $Ra=6.3\mu m$。
(2) 铣削连接面时用硬质合金端铣刀。

（3）铣削凹槽和凸台时用三面刃铣刀。

（4）上、下两部分的结构相同，但尺寸及偏差有所区别。

4.3 知识探究

4.3.1 铣削基础

 理论资讯

在铣床上用旋转的铣刀切削工件上各种表面或沟槽的方法称为铣削。铣削是金属切削加工中常用的方法之一。

1. 铣削运动与铣削用量

铣削运动有主运动和进给运动；铣削用量有切削速度和进给量，如图 4-2 所示。

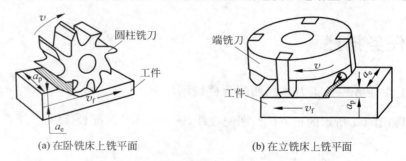

(a) 在卧铣床上铣平面　　　　　　　　　(b) 在立铣床上铣平面

图 4-2　铣削运动及铣削用量

（1）主运动及切削速度（v）

铣刀的旋转运动是主运动，主运动的线速度称为切削速度，可用下式计算：

$$v = \frac{\pi D n}{1000}(\text{m/min}) = \frac{\pi D n}{1000 \times 60}(\text{m/s})$$

式中：D 为铣刀直径，mm；n 为铣刀每分钟转速，r/min。

（2）进给运动及进给量

工件的移动是进给运动，铣削进给量有三种表示方法。

① 进给速度（v_f）。进给速度指每分钟内工件相对铣刀沿进给方向移动的距离，单位为 mm/min，也称为每分钟进给量。

② 每转进给量（f）。每转进给量指铣刀每转过一转时，工件相对铣刀沿进给方向移动的距离，单位为 mm/r。

③ 每齿进给量（a_f）。每齿进给量指铣刀每转过一个齿时，工件相对铣刀沿进给方向移动的距离，单位为 mm/z。

三种进给量之间的关系如下：

$$v_f = fn = a_f zn$$

式中：n 为铣刀每分钟转速，r/min；z 为铣刀齿数。

（3）铣削深度（a_p）

铣削深度指平行于铣刀轴线方向上切削层的尺寸，单位为 mm。

（4）铣削宽度（a_e）

铣削宽度指垂直于铣刀轴线方向上切削层的尺寸，单位为 mm。

2. 铣削特点及加工范围

（1）铣削特点

铣削时，由于铣刀是旋转的多齿刀具，属于断续切削，因而刀具的散热条件好，可以提高切削速度，故生产率较高。但由于铣刀刀齿的不断切入和切出，使切削力不断变化，易产生冲击和振动。铣刀的种类很多，铣削的加工范围也很广。

（2）铣削加工范围

铣削主要用于加工平面，还常用于加工垂直面、台阶面、各种沟槽和成形面等；利用万能分度头还可以进行分度件的加工，有时工件上孔的钻、镗加工也可以在铣床上进行。常见的铣削加工如图 4-3 所示。

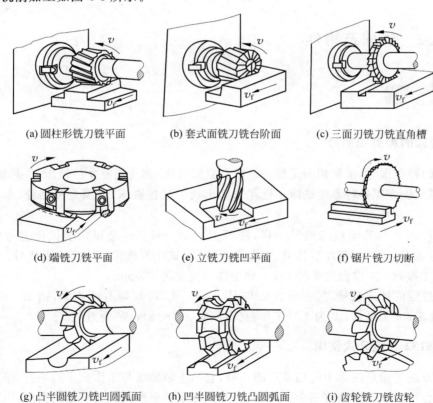

(a) 圆柱形铣刀铣平面　(b) 套式面铣刀铣台阶面　(c) 三面刃铣刀铣直角槽

(d) 端铣刀铣平面　(e) 立铣刀铣凹平面　(f) 锯片铣刀切断

(g) 凸半圆铣刀铣凹圆弧面　(h) 凹半圆铣刀铣凸圆弧面　(i) 齿轮铣刀铣齿轮

图 4-3　铣削加工举例

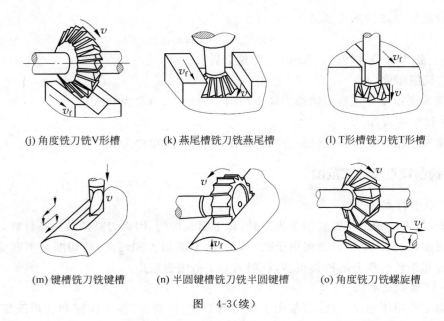

(j) 角度铣刀铣V形槽　　　　(k) 燕尾槽铣刀铣燕尾槽　　　　(l) T形槽铣刀铣T形槽

(m) 键槽铣刀铣键槽　　(n) 半圆键槽铣刀铣半圆键槽　　(o) 角度铣刀铣螺旋槽

图 4-3(续)

铣削加工的工件尺寸公差等级一般为 IT7～IT9 级,表面粗糙度为 $Ra = 1.6 \sim 6.3\mu m$。

4.3.2　铣床及附件

1. 铣床的种类和型号

铣床的种类很多,最常用的是卧式铣床和立式铣床,此外还有龙门铣床、工具铣床、键槽铣床、螺纹铣床等各种专用铣床。近年来又出现了数控铣床,以满足多品种、小批量的生产。

铣床的型号和其他机床型号一样,按照 JB 1838—1986《金属切削机床型号编制方法》的规定表示。例如X6132,其中,X 为分类代号;铣床类机床;61 为组系代号:万能卧式;32 为主参数:工作台宽度的 1/10,即工作台宽度为 320mm。

以前规定的铣床型号,其表示方法与 JB 1838—1985 规定有所不同,例如 X62W,其中,X 为铣床;6 为卧式;2 为 2 号工作台(台面宽 320mm);W 为万能。

2. X6132 万能卧式铣床

卧式万能铣床是铣床中应用最广的一种,它的主轴轴线与工作台平面平行,呈水平位置。工作台可沿纵、横、垂直三个方向移动,并可在水平平面内回转一定的角度,以适应不同铣削的需要,如图 4-4 所示。

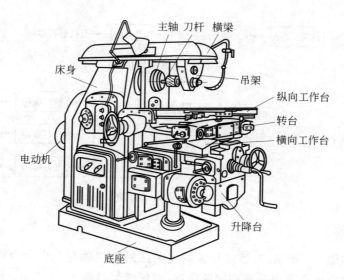

图 4-4　X6132 万能卧式铣床外观图

（1）主要组成部分及作用

① 床身。床身用来固定和支承铣床上所有的部件,电动机、主轴变速机构、主轴等安装在它的内部。

② 横梁。横梁上面装有吊架,用以支承刀杆外伸,增加刀杆的刚性。横梁可沿床身的水平导轨移动,以调整其伸出的长度。

③ 主轴。主轴是空心轴,前端有 7∶24 的精密锥孔,用以安装铣刀杆并带动铣刀旋转。

④ 纵向工作台。纵向工作台上面有 T 形槽,用以装夹工件或夹具;下面通过螺母与丝杠螺纹连接;可在转台的导轨上纵向移动;侧面有固定挡铁,以实现机床的机动纵向进给。

⑤ 转台。转台上面有水平导轨,供工作台纵向移动;下面与横向工作台用螺栓连接,松开螺栓,可使纵向工作台在水平平面内旋转一个角度（最大为 ±45°）,获得斜向移动,以便加工螺旋工件。

⑥ 横向工作台。横向工作台位于升降台上面的水平导轨上,可带动纵向工作台横向移动,用以调整工件与铣刀之间的横向位置或获得横向进给。

⑦ 升降台。升降台可使整个工作台沿床身的垂直导轨上、下移动,以调整工作台面到铣刀的距离,并可作垂直进给。

带转台的卧式铣床称为万能卧式铣床,不带转台即不能扳转角度的铣床称为卧式铣床。

（2）X6132 万能卧式铣床的传动

X6132 万能卧式铣床的主运动和进给运动的传动路线分别叙述如下。

① 主运动传动如图 4-5 所示。

② 进给运动传动如图 4-6 所示。

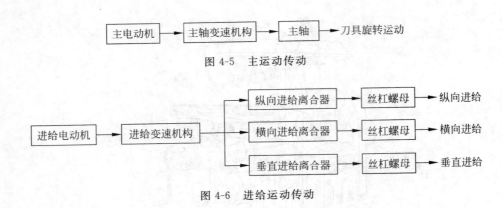

图 4-5　主运动传动

图 4-6　进给运动传动

3. 立式铣床

立式铣床如图 4-7 所示，与卧式铣床的主要区别是主轴与工作台台面垂直。立式铣床的头架还可以在垂直面内旋转一定的角度，以便铣削斜面。

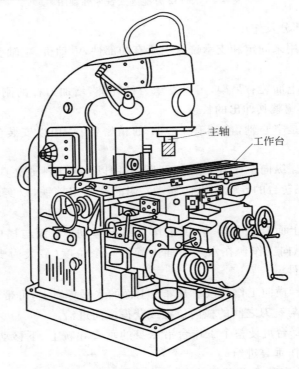

图 4-7　立式铣床外观图

在立式铣床上主要使用端铣刀加工平面，还可以加工键槽、T 形槽，燕尾槽等。

4. 铣床主要附件

铣床主要附件有铣刀杆、万能分度头、机用平口钳、圆形工作台和万能立铣头等。

（1）机用平口钳

机用平口钳是一种通用夹具，使用时，先校正平口钳在工作台上的位置，然后再夹紧工件。校正平口钳的方法有三种：①用百分表校正，如图 4-8(a)所示；②用直角尺校正；③用划线针校正。校正的目的是保证固定钳口与工作台台面的垂直度、平行度。校正后利用螺栓与工作台 T 形槽连接，将平口钳装夹在工作台上。装夹工件时，也要按划线找正工件，再转动平口钳丝杠，使活动钳口移动，夹紧工件，如图 4-8(b)所示。

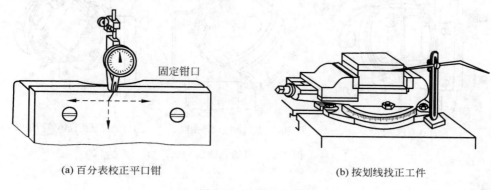

固定钳口

(a) 百分表校正平口钳   (b) 按划线找正工件

图 4-8 机用平口钳

（2）圆形工作台

圆形工作台即回转工作台，如图 4-9(a)所示。它的内部有一副蜗轮、蜗杆，手轮与蜗杆同轴连接，转台与蜗轮连接，转动手轮，通过蜗轮、蜗杆传动使转台转动。转台周围有刻度，用来观察和确定转台位置，手轮上的刻度盘可读出转台的准确位置。图 4-9(b)所示为在回转工作台上铣圆弧槽的情况，利用螺栓压板把工件夹紧在转台上，铣刀旋转后，摇动手轮使转台带动工件进行圆周进给，铣削圆弧槽。

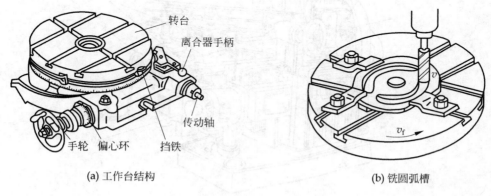

转台

离合器手柄

传动轴

手轮 偏心环 挡铁

(a) 工作台结构   (b) 铣圆弧槽

图 4-9 圆形工作台

（3）万能立铣头

在卧式铣床装上万能立铣头，可根据铣削的需要，把立铣头主轴扳成任意角度，如图 4-10 所示。图 4-10(a)为外形图，其底座用螺钉固定在铣床的垂直导轨上。铣床主轴的运动通过立铣头内部的两对锥齿轮传到立铣头主轴上。立铣头的壳体可绕铣床主轴轴线偏转任意角度,如图 4-10(b)所示。立铣头主轴的壳体还能在立铣头壳体上偏转任意角度,如图 4-10(c)所示。因此,立铣头主轴能在空间偏转成所需要的任意角度。

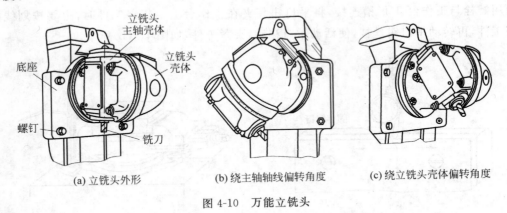

(a) 立铣头外形　　　　(b) 绕主轴轴线偏转角度　　　　(c) 绕立铣头壳体偏转角度

图 4-10　万能立铣头

 实践操作

X6132 万能卧式铣床操纵系统如图 4-11 所示。

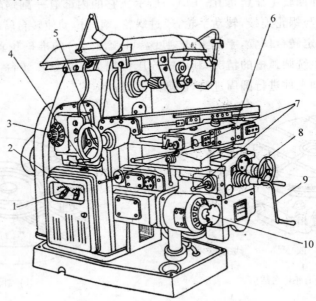

图 4-11　X6132 万能卧式铣床操纵系统图

1. 机床总电源开关;2. 机床冷却油泵开关;3. 主轴变速转盘;4. 主轴变速手柄;
5. 纵向手动进给手轮;6. 纵向机动进给手柄;7. 横向和升降机动进给手柄;8. 横向手动进给手柄;9. 升降手动进给手柄;10. 进给变速转盘手柄

1．停车练习

（1）主轴转速的变换

主轴转速的变换通过操纵床身左侧壁上的手柄 4 和转盘 3 来实现。变换时，先将手柄 4 压下向左转动，碰撞冲动开关，主电动机瞬时启动，使其内部孔盘式变速机构重新对准位置；再转动转盘 3，使所需的转速对准指针。最后，把手柄 4 转到原来的位置，从而改变了主轴的转速。转动转盘 3 的位置，可使主轴获得 18 种不同的转速。

（2）进给量的调整

进给量的调整通过操纵升降台左下侧的转盘手柄 10 来实现。调整时，向外拉出转盘手柄 10，再转动它，使所需要的进给量对准指针，最后把转盘手柄 10 推回原位，即可得到不同的进给量。

（3）工作台手动纵向、横向、升降移动

顺时针转动手轮 5，工作台向右纵向移动；反之，向左移动。顺时针转动手柄 8，工作台向里横向移动；反之，向外移动。顺时针转动手柄 9，工作台上升；反之，下降。

2．低速开车练习

（1）工作台机动纵向进给

工作台机动纵向进给通过操纵手柄 6 来实现。手柄 6 有 3 个位置：①向左扳，工作台向左运动；②向右扳，工作台向右运动；③处于中间位置，工作台不动。当手柄 6 处于中间位置时，纵向进给离合器脱开，没有拨动行程开关，进给电动机停止转动，工作台不动。当手柄 6 向左或向右扳时，通过操纵机构使纵向进给离合器接通，同时，可分别拨动两个行程开关使进给电动机正转或反转，使工作台向左或向右移动。

（2）工作台机动横向或升降进给

工作台机动横向或升降进给通过操纵机床左侧面的 2 个球形十字手柄 7 中的任一个（因 2 个手柄 7 联动），控制进给电动机的转向和横向或升降进给离合器（接通或断开）来完成。手柄 7 有 5 个工作位置：①向上扳，升降台上升；②向下扳，升降台下降；③向左（床身）扳，工作台向左移动；④向右扳，工作台向右移动；⑤中间位置，横向和升降机动进给停止。

（3）快动

按下快动电钮，在电磁铁的作用下，快动离合器（摩擦片式）合上，进给离合器脱开，使运动不经过进给变速机构，直接由进给电动机传给纵、横、升降进给丝杠，以实现机床的快速移动。

4.3.3　铣刀

1．铣刀的种类和用途

铣刀的种类很多，按材料不同，可分为高速钢和硬质合金两大类，按刀齿与刀体是否为一个整体,可分为整体式和镶齿式两类;按铣刀的安装方法,可分为带孔铣刀和带柄铣刀两类。按铣刀的用途和形状可分为如下几类。

(1) 圆柱铣刀。如图 4-3(a)所示,它在圆柱表面上有切削刃,用于卧式铣床加工平面。

(2) 端铣刀。如图 4-3(d)所示,刀齿分布在铣刀的端面和圆柱面上,多用于立式铣床加工平面,也可用于卧式铣床加工平面。

(3) 立铣刀。如图 4-12 所示,它是一种带柄铣刀,有直柄和锥柄两种。适于铣削端面、斜面、沟槽和台阶面等。

(4) 键槽铣刀和 T 形槽铣刀。如图 4-13 所示,它是专门加工键槽和 T 形槽的。

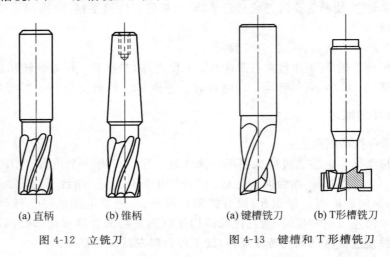

| (a) 直柄 | (b) 锥柄 | (a) 键槽铣刀 | (b) T形槽铣刀 |

图 4-12　立铣刀　　　　　　图 4-13　键槽和 T 形槽铣刀

(5) 三面刃铣刀和锯片铣刀。三面刃铣刀一般用在卧式铣床上加工直角槽,如图 4-3(c)所示,还可加工台阶面和较窄的侧面等。锯片铣刀主要用于切断工件或铣削窄槽,如图 4-3(f)所示。

(6) 角度铣刀。角度铣刀主要用在卧式铣床上加工各种角度的沟槽。角度铣刀可分为单角(见图 4-3(k))和双角,双角铣刀又分为对称双角铣刀(见图 4-3(j))和不对称双角铣刀。

(7) 成形铣刀。成形铣刀主要用在卧式铣床上加工各种成形面和左(见图 4-3(o))、右切双角铣刀(见图 4-3(g)、(h)、(i))。

2. 铣刀的安装

(1) 带孔铣刀的安装

① 带孔铣刀中的圆柱形或者三面刃等圆盘形铣刀,常用长刀杆安装,如图 4-14 所示。

② 带孔铣刀中的端铣刀常用短刀杆安装,如图 4-15 所示。

(2) 带柄铣刀的安装

① 锥柄铣刀的安装如图 4-16(a)所示。根据铣刀锥柄的大小,选择合适的变锥套,将

各配合表面擦净,然后用拉杆把铣刀及变锥套一起拉紧在主轴上。

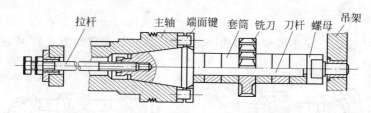

图 4-14　圆盘铣刀的安装

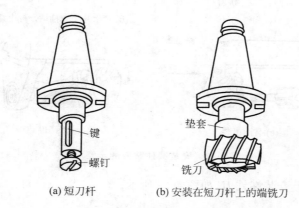

(a) 短刀杆　　　　　　　(b) 安装在短刀杆上的端铣刀

图 4-15　端铣刀的安装

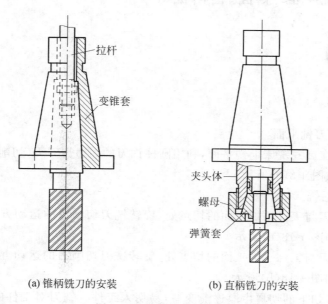

(a) 锥柄铣刀的安装　　　　　　　(b) 直柄铣刀的安装

图 4-16　带柄铣刀的安装

②　直柄铣刀的安装如图 4-16(b)所示。用弹簧夹头安装,铣刀的直柄插入弹簧套内,旋紧螺母压紧弹簧套的端面,使弹簧套的外锥面受压而孔径缩小,夹紧直柄铣刀。

实践操作

（1）在卧式铣床上安装圆柱铣刀或圆盘铣刀，其安装步骤如图 4-17 所示。

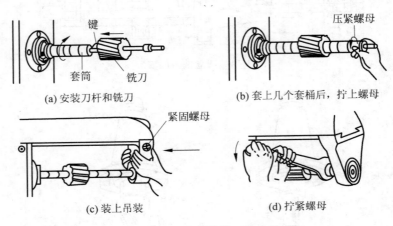

（a）安装刀杆和铣刀　　　　　　（b）套上几个套桶后，拧上螺母

（c）装上吊装　　　　　　　　　（d）拧紧螺母

图 4-17　安装圆柱铣刀的步骤

（2）在立式铣床上安装端铣刀，如图 4-15 所示。

4.3.4　铣平面、斜面、台阶面

理论资讯

1. 铣平面

1）用圆柱铣刀铣平面

用圆柱铣刀在卧式铣床上铣平面，利用圆柱铣刀的周边齿刀刃（切削刃）进行的铣削，称为周边铣削，如图 4-3（a）所示。

（1）顺铣与逆铣

顺铣指在铣刀与工件已加工面的切点处，旋转铣刀切削刃的运动方向与工件进给方向相同的铣削，如图 4-18（a）所示。

逆铣指在铣刀与工件已加工面的切点处，旋转铣刀切削刃的运动方向与工件进给方向相反的铣削，如图 4-18（b）所示。

顺铣时，刀齿切下的切屑由厚逐渐变薄，易切入工件。铣刀对工件的垂直分力 F_V 向下压紧工件，不易产生振动，铣削平稳。但铣刀对工件的水平分力 F_H 与工作台的进给方向一致，由于工作台丝杠与螺母之间有间隙，在水平分力的作用下，工作台会消除间隙而突然窜动，造成工作台出现爬行啃刀现象，引起刀杆弯曲、刀头折断。

逆铣时，刀齿切下的切屑由薄逐渐变厚，由于刀齿的切削刃具有一定的圆角半径，所

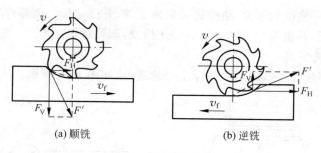

(a) 顺铣   (b) 逆铣

图 4-18   顺铣与逆铣

以刀齿接触工件,要滑移一段距离后才能切入,因此摩擦严重,使切削温度升高,已加工表面粗糙度增大。铣刀对工件的垂直分力向上,促使工件产生抬起趋势,易产生振动而影响表面粗糙度。但铣刀对工件的水平分力与工作台的进给方向相反,在水平分力的作用下,工作台丝杠与螺母间总是保持紧密接触而不会松动,丝杠与螺母的间隙对铣削没有影响。

综上所述,顺铣的优点多,应广泛采用。但是,铣床必须具备丝杠与螺母的间隙调整机构,且间隙调整为零时才能采取顺铣。

(2) 铣削步骤

① 选择与安装铣刀。由于螺旋齿铣刀铣平面时,排屑顺利,铣削平稳,所以常用螺旋齿铣刀铣平面。在工件表面粗糙度值较小,且加工余量不大时,选用细齿铣刀;表面粗糙且加工余量较大时,选用粗齿铣刀。铣刀的刃长最好要大于工件待加工面的宽度,以保证一次进给,铣完待加工面。尽量选用小直径铣刀,以免产生振动而影响表面质量。

铣刀的安装如图 4-17 所示。

② 选择铣削用量。根据工件材料、加工余量、工件宽度及表面粗糙度的要求综合确定。通常采用粗铣和精铣两次铣削完成。

粗铣:铣削宽度 $a_e = 2 \sim 8$mm,每齿进给量 $a_f = 0.03 \sim 0.16$mm/z,铣削速度口 $v = 15 \sim 40$m/min。选择的顺序是根据毛坯的加工余量,先选取较大的铣削宽度 a_e,再选择较大的进给量 a_f,最后选取合适的铣削速度 v。

精铣:铣削速度 $v \leqslant 10$m/min 或 $v \geqslant 50$m/min,每转进给量 $f = 0.1 \sim 1.5$mm/r,铣削宽度 $a_e = 0.2 \sim 1$mm。选择的顺序是先选取较低或较高的铣削速度 v,再选择较小的进给量 f,最后根据零件图样尺寸确定铣削宽度 a_e。

③ 工件的装夹方法。根据工件的形状、加工平面的部位及尺寸公差和形位公差的要求,选取合适的装夹方法,常用平口钳或螺桂压板装夹工件。用平口钳装夹工件时,要校正平口钳的固定钳口,对工件进行找正(见图 4-8),并根据选定的铣削方式,调整好铣刀与工件的相对位置。

④ 操作方法。根据选取的铣削速度 v,按下式来调整机床主轴的转数:

$$n = \frac{1000v}{\pi D} (\text{r/min})$$

根据选取的进给量按下式来调整机床的每分钟进给量:

$$v_f = fn = a_f z n (\text{mm/min})$$

铣削宽度的调整是在铣刀旋转(主电动机启动)后进行的。先将铣刀轻微接触工件表面,记住此时升降手柄的刻度值,再将铣刀退离工件,升高工作台调整好铣削宽度,固定升降和横向进给手柄,调整纵向工作台机动停止挡铁,即可试切铣削。

2)用端铣刀铣平面

用端铣刀铣平面在卧式和立式铣床上都能进行,如图 4-19 所示。

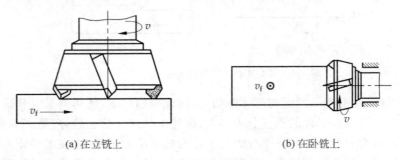

(a) 在立铣上　　　　　　　　　　　　　(b) 在卧铣上

图 4-19　用端铣刀铣平面

由于端铣刀多采用镶有硬质台盘刀头的端铣刀进行铣削,又由于端铣刀的刀杆短、强度高、刚性好、铣削中振动小,因此可用端铣刀高速强力铣削平面,其生产率高于周边铣削。此法已被广泛采用。

用端铣刀铣平面的方法与步骤,基本与用圆柱铣刀铣平面的方法和步骤相同,其铣削用量的选择、工件的装夹和操作方法等均可参与圆柱铣刀铣平面的方法进行。

2. 铣斜面

工件上的斜面常用下面几种方法进行铣削。

(1)使用斜垫铁铣斜面如图 4-20 所示,在工件的基准下面垫一块斜垫铁,则铣出的平面就与基准面倾斜一定角度。改变斜垫铁的角度,即可加工不同角度的斜面。

(2)利用分度头铣斜面如图 4-21 所示,用万能分度头将工件转成所需位置铣出斜面。

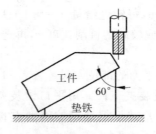

图 4-20　用斜垫铁铣斜面

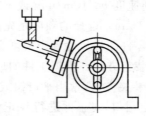

图 4-21　用分度头铣斜面

(3)用万能立铣头铣斜面时,由于万能立铣头能方便地改变刀轴的空间位置,因此可以转动立铣头用刀具相对工件倾斜一个角度来铣斜面,如图 4-22 所示。

3. 铣台阶面

在铣床上,可用三面刃盘铣刀或立铣刀铣台阶面。在成批生产中,大都采用组合铣刀同时铣削几个台阶面,如图 4-23 所示。

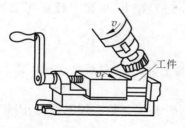

图 4-22　用万能立铣头铣斜面

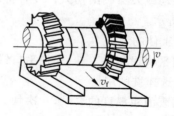

图 4-23　铣台阶面

实践操作

铣削如图 4-24 所示的工件,毛坯各尺寸加工余量为 4mm。为了提高生产率、保证质量,采用在立式铣床上用硬质合金端铣刀铣削。

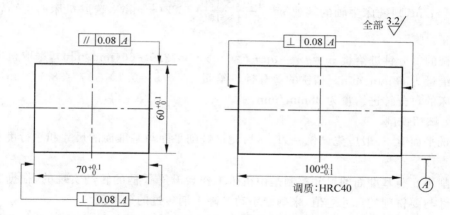

图 4-24　铣平面工件图(材料:45 号钢)

(1) 铣刀的选择及安装

为保证一次进给铣完一个表面,铣刀直径按工件宽度的 $1.2 \sim 1.5$ 倍选取,即 $D = 90 \sim 110 \text{mm}$。铣刀的结构如图 4-25 所示,为机械夹固式端铣刀。

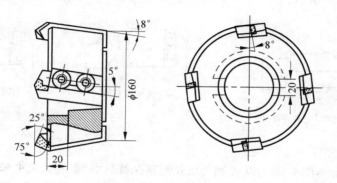

图 4-25　硬质合金端铣刀

安装时，刀头伸出刀体外的距离不要太长，以免产生振动刀体；刀头要夹紧牢固，以免产生振动或刀头飞出伤人；最后将端铣刀装在短刀杆上，再把刀杆装在主轴孔内，如图 4-15 所示。

（2）工件的装夹

采用平口钳装夹工件，先把平口钳装在工作台上，再把工件装夹在平口钳上。

（3）选择铣削用量

根据表面粗糙度的要求，一次切去 4mm 且达到 $Ra3.2$ 是比较困难的，因此分粗铣和精铣两次完成。

① 确定铣削深度 a_p。粗铣 $a_p=3.5mm$；精铣 $a_p=0.5mm$。

② 确定进给量 a_f 和 f。粗铣 $a_f=0.05mm/z$，精铣 $f=0.1mm/r$。

③ 确定铣削速度 v。粗铣 $v=70m/min$，取铣刀直径为 100mm，齿数 $z=6$，则铣床的主轴转速 $n=\dfrac{1000v}{\pi D}=\dfrac{1000\times 70}{3.14\times 100}=223(r/min)$，选取机床的主轴转速为 220r/min。精铣 $v=120m/min$，则铣床主轴的转速 $n=\dfrac{1000\times 120}{3.14\times 100}=382(r/min)$，选取机床的主轴转速为 385r/min。

粗铣的每分钟进给量 $v_f=fn=a_f zn=0.05\times 6\times 220=66(mm/min)$，选取机床的每分钟进给量为 63mm/min。精铣的每分钟进给量 $v_f=fn=0.1\times 385=38.5(mm/min)$，选取机床的每分钟进给量为 38mm/min。

（4）试切铣削

在铣平面时，一般应先试铣一刀，然后测量铣削平面与基准面的尺寸和平行度及与侧面的垂直度。

铣削平面与基准面的尺寸控制是由机床工作台升降手柄的转动实现的，根据工件的测量尺寸与要铣削的尺寸差值，来确定手动升降手柄转过的刻度值。

试切后的铣削平面与基准面不平行时，如图 4-26 所示，工件的 A 处厚度大于 B 处的厚度，可在 A 处下面垫入适当的纸片或铜片，然后再试切，直至调整到平行为止。

铣削平面与侧面不垂直时，可在侧面与固定钳口间垫纸片或铜片。当铣削平面与侧面交角大于 90°时，铜片应垫在下面，如图 4-27（a）所示；如两个面交角小于 90°，则应垫在上面，如图 4-27（b）所示。

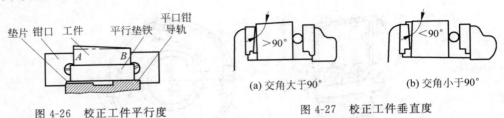

图 4-26　校正工件平行度　　　　图 4-27　校正工件垂直度

（5）铣削顺序

如图 4-28 所示，图 4-28（a）以 A 面为定位粗基准铣削 B 面，保证尺寸 62mm。图 4-28（b）以 B 面为定位精基准（使 B 面与固定钳口靠紧）铣削 A（或 C）面，保证尺寸 72mm。

图 4-28(c)以 B 和 A(或 C)面为定位精基准铣削 C（或 A）面，保证 $70^{+0.1}_{0}$ 尺寸公差。图 4-28(d)以 C（或 A）和 B 面为定位精基准铣削 D 面，保证 $60^{+0.1}_{0}$ 尺寸公差。图 4-28(e)以 B(或 D)为定位精基准铣削 E 面，保证尺寸 102mm。图 4-28(f)以 B(或 D)和 E 面为定位精基准铣削 F 面，保证 $100^{+0.1}_{-0.1}$ 尺寸公差。

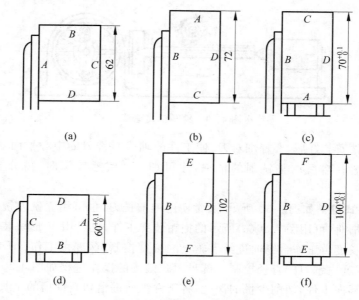

图 4-28 铣削六面体顺序

动作要领如下。

（1）在铣削过程中，不能中途停止工作台的进给运动，以防铣刀停在工件上空转。当铣刀空转时，轴向铣削力减小，会使已加工面出现凸台，在精铣时是绝对不允许的。如必须停止进给运动时，应先将工作台下降，使工件与铣刀脱离，才可停车。

（2）在进给运动结束后，工件不能立即在旋转的铣刀下面退回，否则会切伤已加工面。应该在进给运动结束后，使铣刀停止旋转，把工件卸下或把工作台下降后，再退回工作台。

4.3.5 铣沟槽

在铣床上利用不同的铣刀可以加工直角槽、V 形槽、T 形槽、燕尾槽、轴上的键槽和成形面等，这里着重介绍轴上键槽和 T 形槽的铣削方法。

（1）铣键槽

轴上的键槽有开口式和封闭式两种。铣键槽时，工件的装夹方法很多，常用平口钳或专用抱钳、V 形铁、分度头等装夹工件。不论哪一种装夹方法，都必须使工件的轴线与工作台的进给方向一致,并与工作台台面平行。

① 铣开口式键槽如图 4-29 所示,使用三面刃铣刀铣削。由于铣刀的振摆会使槽宽扩大,所以铣刀的宽度应稍小于键槽宽度。对于宽度要求较严的键槽,可先进行试铣,以便确定铣刀合适的宽度。

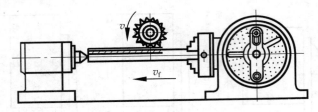

图 4-29　铣开口式键槽

铣刀和工件安装好后,要仔细对刀,使工件的轴线与铣刀的中心平面对准,以保证所铣键槽的对称性;然后调整铣削的槽深,才可加工。键槽较深时,需分多次走刀进行铣削。

② 铣封闭式键槽如图 4-30 所示,通常使用键槽铣刀,也可用立铣刀铣削。用键槽铣刀铣封闭式键槽时,可用图 4-30(a)所示的抱钳装夹工件,也可用 V 形块装夹工件。铣削封闭式键槽的长度由工作台纵向进给手轮上的刻度控制,深度由工作台升降进给手柄上的刻度控制,宽度由铣刀的直径控制。铣封闭式键槽的操作过程如图 4-30(b)所示,先将铣刀垂直进给移向工件,切削少量的深度,将工件纵向进给切至键槽的全长;再进行垂直进给,然后反向纵向进给,反复多次,直到完成加工。

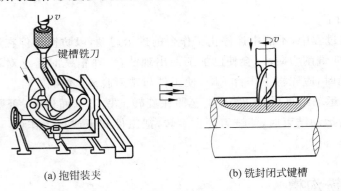

(a) 抱钳装夹　　　　　　(b) 铣封闭式键槽

图 4-30　铣封闭式键槽

用立铣刀铣键槽时,由于铣刀端面齿垂直进给困难,应先在封闭式键槽的一端圆弧处用相同半径的钻头钻一个孔,然后用立铣刀铣削。

(2) 铣 T 形槽

加工 T 形槽如图 4-31 所示。首先必须用三面刃铣刀或立铣刀铣出直角槽;然后用 T 形槽铣刀铣出 T 形槽;最后用角度铣刀倒角。由于 T 形槽的铣削条件差,排屑困难,所以切削用量应取小些,并加注充分的切削液。

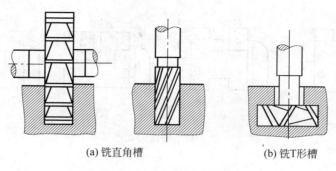

(a) 铣直角槽   (b) 铣T形槽

图 4-31 加工 T 形槽

实践操作

铣削如图 4-32 所示工件的直角槽和 V 形槽,其各表面(平面)已加工,即以图 4-28 所示工件为坯料进行铣削。

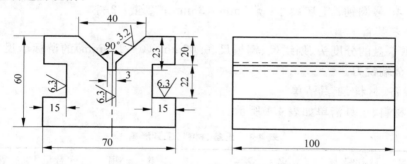

图 4-32 铣直角槽和 V 形槽工件图(材料:45 号钢)

在卧式铣床上,利用三面刃铣刀、锯片铣刀,90°角度铣刀进行铣削。

(1) 铣刀的选择及安装。三面刃铣刀的宽度应等于直角槽的宽度,即 22mm;锯片铣刀的宽度应大于 3mm,以防强度不足而折断,角度铣刀的角度为 V 形槽的角度,即 90°。

安装时,按图 3-17 所示安装步骤将铣刀分别安装在刀杆上,同时校正铣刀的轴向偏摆,以防扩大铣槽宽度。

(2) 工件的装夹。与铣削正六面体的装夹方法相同,把工件夹在平口钳上。

(3) 选择铣削用量。由于槽的深度较深,虽然表面粗糙度较大,但切削量也较大,除利用锯片铣刀铣削空刀槽需一次铣削外,其余部分均需多次铣削,故也可分为粗铣和精铣进行铣削。

粗铣:每齿进给量 $a_f = 0.03 \sim 0.08$mm/z,铣削速度 $v = 15 \sim 25$m/min。

精铣:每转进给量 $f = 0.5 \sim 2$mm/r,铣削速度 $v = 20 \sim 30$m/min。

(4) 铣削顺序。按图 4-33 所示顺序进行铣削。先以 B 面为定位精基准,铣削 A、C 面上的直角槽如图 4-33(a)和(b)所示。再以 A(或 C)面为定位精基准,铣削空刀槽,如图 4-33(c)所示。最后用角度铣刀铣 V 形槽,如图 4-33(d)所示。

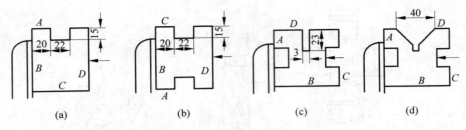

图 4-33　铣槽的顺序

4.4　任务实施

1. 准备工作

（1）工件毛坯

材料：45 号圆钢；毛坯尺寸：$\phi 75\text{mm} \times 35\text{mm}$；数量：2 件。

（2）工艺装备

带三爪卡盘的分度头、划线尺、钢板尺、0.02mm/（0～150mm）的游标卡尺、三面刃铣刀、硬质合金端铣刀。

（3）设备、材料、工具清单

设备、材料、工具清单如表 4-1 所示。

表 4-1　设备、材料、工具清单

项　目	序号	名　称	作　用	数量	型　号
所用设备和刀具	1	铣床	加工工作地	1	XA6132
	2	端面铣刀（硬质合金）	铣削端面	1	
	3	三面刃铣刀（高速钢）	铣削台阶面、凹槽	1	
	4	平口钳	安装工件	1	
	5	分度头	安装工件	1	
	6	划线尺	划线	1	
毛坯材料	1	45 号钢	毛坯材料	2	$\phi 75\text{mm} \times 35\text{mm}$
所用工具、量具	1	游标卡尺	测量	1	0～150mm
	2	钢板尺	测量	1	150mm
	3	90°直角尺	测量	1	
	4	百分表	测量	1	0～5mm
	5	锉刀	去毛刺	1	Ⅰ号扁锉

2. 加工步骤

（1）用分度头和划线尺划线。将工件用分度头三爪卡盘装卡找正，用划线尺与分度头配合划出如图 4-34 所示的线。

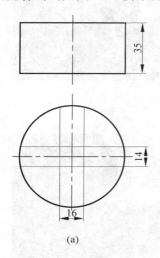
(a)

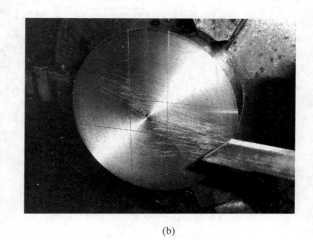
(b)

图 4-34　划线

（2）用三面刃铣刀铣台阶面。安装三面刃铣刀，对刀，将刀具沿划好的线走刀铣削，铣一侧台阶面。主轴转速 $n=85\text{r/min}$，$a_p=10\text{mm}$，$a_e=5\text{mm}$，进给速度 $v_f=60\text{mm/min}$，走刀次数 3 次，将刀具以上部分的余量全部切除，如图 4-35 所示。

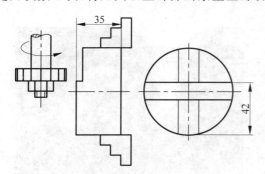

图 4-35　铣一侧台阶面

用分度头分度，将工件旋转 180°，如上所述，对刀，将刀具沿着划好的线走刀进行铣削，铣另一侧台阶面。主轴转速 $n=85\text{r/min}$，$a_p=10\text{mm}$，$a_e=5\text{mm}$，进给速度 $v_f=60\text{mm/min}$，走刀次数 3 次，将刀具以上部分的余量全部切除，如图 4-36 所示。

（3）铣直角通槽。用分度头分度，将工件旋转 90°，对刀，将刀具沿着划好的线进行铣削。主轴转速 $n=85\text{r/min}$，$a_p=10\text{mm}$，$a_e=11\text{mm}$，进给速度 $v_f=60\text{mm/min}$，走刀次数 1 次，如图 4-37 所示。

用分度头分度，将工件旋转 180°，对刀，将刀具沿着划好的线进行铣削。主轴转速

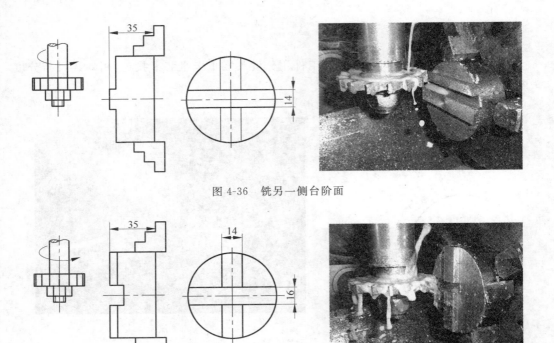

图 4-36　铣另一侧台阶面

图 4-37　铣直角通槽

$n=85\text{r/min}$，$a_{\text{p}}=10\text{mm}$，$a_{\text{e}}=11\text{mm}$，进给速度 $v_{\text{f}}=60\text{mm/min}$，走刀次数 1 次，如图 4-38 所示。

图 4-38　铣直角通槽(工件旋转 180°)

（4）划正方体凸凹配合件的轮廓外形线。用划线尺配合分度头划线，划出正方体凸凹配合件的正方体轮廓线，以便在后续加工过程中保证正方体凸凹配合件的形状位置精度，如图 4-39 所示。

（5）将硬质合金端面铣刀安装在铣床主轴上，并将工件按图 4-40 所示装卡，按顺时针顺序铣削正方体的各个外表面。主轴转速 $n=85\text{r/min}$，$v_{\text{f}}=60\text{mm/min}$。

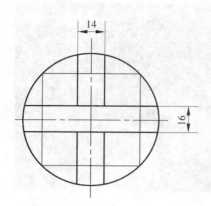

图 4-39 划正方体凸凹配合件的轮廓外形线

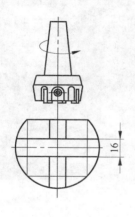

(a)

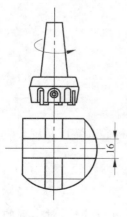

(b)

图 4-40 铣正方体凸凹配合件的外形轮廓线

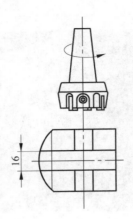 

(c)

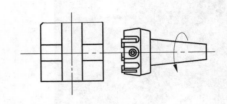 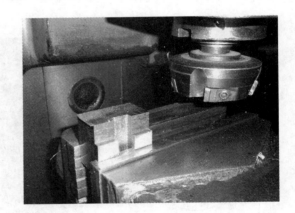

(d)

图 4-40(续)

(6)钳工去毛刺。

(7)配做正方体凸凹配合件的另一部分。

配做正方体凸凹配合件的另一部分,如图 4-41 所示。

3. 结束工作

(1)自检

加工完毕,卸下工件,仔细测量各部分尺寸,装配工件,检验其装配精度。

(2)清理

工件上交,清点工具,收拾工作场地。

(3)评价

每位同学铣削完一件后,结合评分标准,对自己的产品进行评价,对出现的质量问题分析原因,并找出改进措施。

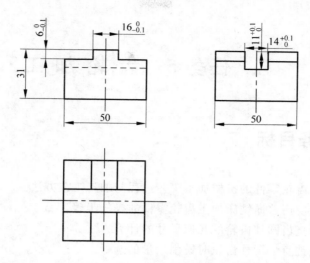

图 4-41 配做正方体凸凹配合件的另外一部分的零件图

4.5 任务评价

正方体凸凹配合件加工任务评分表如表 4-2 所示。

表 4-2 正方体凸凹配合件加工任务评分表

评价类别	评价项目	评价标准	评价配分	评价得分
专业能力	凹槽	$16_0^{+0.1}\,\mathrm{mm}$	5	
		$14_0^{+0.1}\,\mathrm{mm}$	5	
	连接面垂直度	90°	10	
	凸台	$16_{-0.1}^{0}\,\mathrm{mm}$	5	
		$14_{-0.1}^{0}\,\mathrm{mm}$	5	
	表面粗糙度	$Ra \leqslant 6.3\,\mu\mathrm{m}$	10	
	倒角、毛刺	各倒边处无毛刺、有倒角	5	
	工具、设备的使用与维护	正确、规范使用工具、量具、刃具,合理保养与维护工具、量具、刃具	5	
		正确、规范地使用设备,合理保养维护设备	5	
		操作姿势正确,动作规范	5	
	安全及其他	安全文明生产,按国家颁布的有关法规或企业自定的有关规定执行	5	
		操作方法及工艺规程正确	5	
	完成时间	90min	10	
社会能力	团队协作	小组成员之间合作良好	5	
	职业意识	工具、夹具、量具使用合理、准确,摆放整齐;节约使用原材料,不浪费;做到环保	5	
	敬业精神	遵守纪律,具有爱岗敬业、吃苦耐劳精神	5	
方法能力	计划与决策	计划和决策能力较好	5	

任务 5　齿 轮 加 工

5.1　任务目标

（1）学会齿轮零件的机械加工工艺过程与加工工艺方法。
（2）学会使用普通铣床加工齿轮零件的操作步骤。
（3）学会直齿圆柱齿轮的几何尺寸的计算方法。
（4）学会铣直齿圆柱齿轮时铣削用量的选择。
（5）学会使用分度头加工不同等分的工件表面。
（6）学会正确选择齿轮铣刀。
（7）学会直齿圆柱齿轮的检测方法。
（8）能够提高质量、安全、环保意识。

5.2　任务描述

1. 工作任务——齿轮零件铣削加工

铣削如图 5-1 所示的齿轮零件。

(a) 直齿圆柱齿轮图片

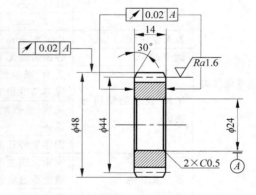

(b) 直齿圆柱齿轮零件图

图 5-1　直齿圆柱齿轮零件

2. 工艺分析

（1）直齿圆柱齿轮的模数为 2，齿数为 22。

（2）直齿圆柱齿轮件加工尺寸精度 IT8，表面质量 $Ra=6.3\mu m$。

（3）铣削直齿圆柱齿轮时用模数齿轮铣刀，模数为 2（高速钢）。

（4）用分度头进行 22 等份的分度。

5.3　知识探究

铣齿

齿轮齿形的加工方法有两种：一种是成形法，就是利用与被切齿轮齿槽形状完全相符的成形铣刀切出齿形的方法；另一种是展成法，就是利用齿轮刀具与被切齿轮的互相啮合运动而切出齿形的方法。铣齿属于成形法，而滚齿和插齿属于展成法。

在卧式铣床上，利用万能分度头和尾架顶尖装夹工件，用与被切齿轮模数相同的盘状（或指状）铣刀进行铣削。铣直齿圆柱齿轮如图 5-2 所示；铣削斜齿圆柱齿轮的方法与前述加工螺旋槽相同。

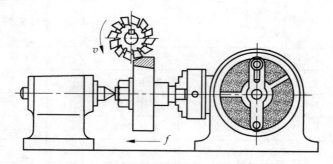

图 5-2　铣直齿圆柱齿轮

选择模数盘铣刀时，除模数与被切齿轮的模数相同外，还要根据表 5-1 选择不同的铣刀号即根据被切齿轮的齿数来选择铣刀号。

表 5-1　盘铣刀刀号的选择

刀号	1	2	3	4	5	6	7	8
加工齿数范围	12~13	14~16	17~20	21~25	26~34	35~54	55~134	135 以上及齿条

铣齿槽深（齿高）h 即工作台的升高量 $H=h=2.25m$，当一个齿槽铣好后，就利用万能分度头进行一次分度，再铣下一个齿槽，直至铣完全部齿。

这种加工方法的优点是机床和刀具简单，加工齿轮的成本低。缺点是辅助时间长，生产率低。又由于使用一个刀号的盘铣刀可以加工一定范围内的不同齿数齿轮，这样会产生齿形误差，所以加工齿轮的精度低。

这种加工方法主要应用于修配或单件生产，一般精度为 9～11 级（GB 10095—1988）的齿轮加工。

5.4　任务实施

1. 准备工作

（1）工件毛坯

材料：45 号圆钢；毛坯尺寸：$\phi 48mm \times \phi 24mm \times 14mm$；数量：1 件。

（2）工艺装备

分度头、模数齿轮铣刀、安装心轴和轴套。

（3）设备、材料、工具清单

设备、材料、工具清单如表 5-2 所示。

表 5-2　设备、材料、工具清单

项　　目	序号	名　　称	作　用	数量	型　　号
所用设备和刀具	1	铣床	加工工作地	1	X6132
	2	模数齿轮铣刀（高速钢）	铣削齿轮	1	模数为 2、4 号
	3	分度头	分度	1	
	4	心轴夹具	装卡工件	1	
	5	顶尖	支撑心轴	1	
毛坯材料	1	45 号钢	毛坯材料	1	$\phi 48mm \times \phi 24mm \times 14mm$
所用工具、量具	1	百分表、磁力表座	测量、找正	1	
	2	公法线千分尺	测量	1	0～25mm
	3	锉刀	除毛刺	1	Ⅰ号扁锉

2. 铣削步骤

（1）安装工件并划线找正。将模数是 2 的 4 号模数齿轮铣刀安装在铣床上，并用分度头和顶尖配合心轴及定位套将工件安装固定，如图 5-3 所示。

（2）对刀，并对工件开始进行铣削。主轴转速 $n=85r/min$，$v_f=30mm/min$，如图 5-4 所示。

（3）用分度头进行分度，因齿轮齿数为 22，故每次分度头转过 66 孔的 $1\frac{9}{11}$ 圈，如图 5-5 所示。

图5-3 安装工件并划线找正

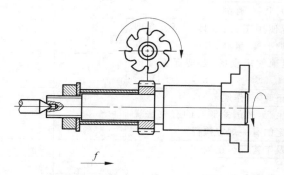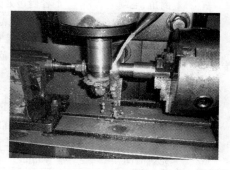

图5-4 齿轮铣削加工

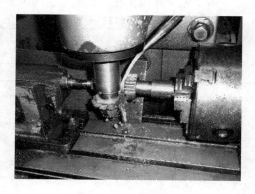

图5-5 用分度头分度

3. 结束工作

（1）自检

加工完毕，卸下工件，仔细测量各部分尺寸，装配工件，检验其装配精度。

（2）清理

工件上交，清点工具，收拾工作场地。

（3）评价

每位同学铣削完一件后，结合评分标准，对自己的产品进行评价，对出现的质量问题分析原因,并找出改进措施。

5.5 任务评价

齿轮加工任务评分表如表 5-3 所示。

表 5-3　齿轮加工任务评分表

评价类别	评价项目	评价标准	评价配分	评价得分
专业能力	齿轮公法线长度	$w_k = 15.034mm$	20	
	齿圈径向圆跳动量	0.071mm	20	
	倒角、毛刺	各倒边处无毛刺、有倒角	5	
	工具、设备的使用与维护	正确、规范使用工具、量具、刃具,合理保养与维护工具、量具、刃具	5	
		正确、规范地使用设备,合理保养维护设备	5	
		操作姿势正确,动作规范	5	
	安全及其他	安全文明生产,按国家颁布的有关法规或企业自定的有关规定执行	5	
		操作方法及工艺规程正确	5	
	完成时间	45min	10	
社会能力	团队协作	小组成员之间合作良好	5	
	职业意识	工具、夹具、量具使用合理、准确,摆放整齐;节约使用原材料,不浪费;做到环保	5	
	敬业精神	遵守纪律,具有爱岗敬业、吃苦耐劳精神	5	
方法能力	计划与决策	计划和决策能力较好	5	

任务 6　传动轴加工

6.1　任务目标

（1）学会传动轴零件的机械加工工艺过程与加工工艺方法。

（2）学会传动轴零件普通铣床操作步骤。

（3）学会三角键的铣削加工。

（4）学会键槽的铣削加工。

（5）掌握常用传动轴零件材料的切削性能。

（6）学会常用传动轴零件简单表面铣刀的选择。

（7）学会花键、三角键和键槽尺寸公差的检测方法。

（8）能够提高质量、安全、环保意识。

6.2　任务描述

1. 工作任务——传动轴铣削加工

铣削如图 6-1 所示的传动轴零件，该传动轴由花键、键槽和三角键三部分组成。

(a) 传动轴零件图片

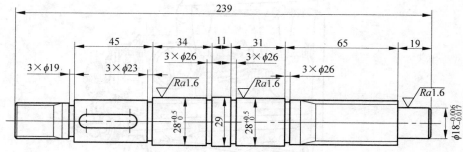

(b) 传动轴杆零件图

图 6-1　传动轴零件

2. 工艺分析

（1）传动轴零件加工尺寸精度等级为 IT8，表面质量 $Ra=6.3\mu$m。

（2）根据工件装卡的要求考虑，该工件的加工顺序为先加工花键轴，再加工键槽，最后加工三角键。

6.3　知识探究

铣等分零件

理论资讯

在铣削加工中，经常铣削四方、六方、齿槽、花键键槽等等分零件。加工中，可利用万能分度头对工件进行分度，即铣过工件的一个面或一个槽之后，将工件转过所需的角度，再铣第二个面或第二个槽，直至铣完所有的面或槽。

1. 万能分度头

（1）分度头的功用

万能分度头是铣床的重要附件，其主要功用是：①使工件绕本身的轴线进行分度（等分或不等分）；②把工件的轴线相对铣床工作台台面扳成所需要的角度（水平、垂直或倾斜），如图 4-21 所示，利用分度头卡盘在倾斜位置上装夹工件；③铣削螺旋槽或凸轮时，能配合工作台的移动使工件连续旋转，图 6-2 所示为利用分度头铣螺旋槽，其中 ω 为螺旋角。

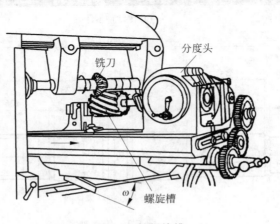

铣刀　分度头

ω　螺旋槽

图 6-2　铣螺旋槽

（2）分度头的结构

万能分度头的结构如图 6-3 所示。在它的基座上装有回转体，分度头主轴可随回转体在垂直平面内向上 90°和向下 10°范围内转动。主轴前端常装有三爪卡盘或顶尖。分度时拔出定位销，转动手柄，通过齿数比为 1∶1 的直齿圆柱齿轮副传动带动蜗杆转动，又经齿数比为 1∶40 的蜗杆蜗轮副传动带动主轴旋转进行分度，如图 6-4 所示。

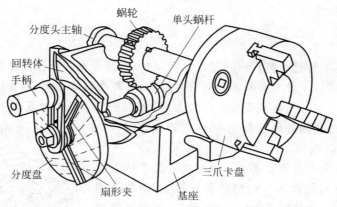

图 6-3　万能分度头的结构

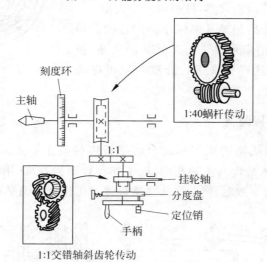

图 6-4　万能分度头传动系统

分度头中蜗杆和蜗轮的齿数比为

$$u = \frac{蜗杆头数}{蜗轮齿数} = \frac{1}{40}$$

即当手柄转动一转时，蜗轮只能带动主轴转过 1/40 转；若工件在整个圆周上的分度等分数 z 已知，则每分一个等分就要求分度头主轴转过 1/2 转，这时分度手柄所需转过的转数 n 可由下列比例关系推得：

$$\frac{1}{40} = \frac{\frac{1}{z}}{n} \quad 即\ n = \frac{40}{z}$$

式中：n 为手柄转数；z 为工件等分数；40 为分度头定数。

（3）分度方法

使用分度头进行分度的方法很多，有直接分度法、简单分度法、角度分度法和差动分度法等。这里仅介绍最常用的简单分度法。

简单分度法的计算公式为 $n=40/z$。例如铣削直齿圆柱齿轮齿数 $z=36$，每一次分度时手柄转过的转数为

$$n = \frac{40}{z} = \frac{40}{36}（转） = \frac{10}{9}（转） = \frac{60}{54}（转）$$

即每分一齿，手柄需转过一整转再转过 1/9 转，这 1/9 转是通过分度盘来控制的。一般分度头备有两块分度盘。分度盘两面各有许多圈孔，各圈孔数均不等，但在同一孔圈上的孔距是相等的。第一块分度盘正面各圈孔数为 24、25、28、30、34、37；反面为 38、39、41、42、43。第二块分度盘正面各圈孔数为 46、47、49、51、53、54；反面为 57、58、59、62、66。

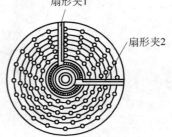

图 6-5　分度盘

简单分度时，分度盘固定不动。此时将分度手柄上的定位销拔出，调整到孔数为 9 的倍数的孔圈上，即在孔圈数为 54 的孔圈上。分度时，手柄转过一转后，再沿孔数为 54 的孔圈上转过 6 个孔间距，即可铣削第二个齿槽。

为了避免每次数孔的烦琐及确保手柄转过的孔距数可靠，可调整分度盘上的扇形夹 1 与 2 之间的夹角，使之等于欲分的孔间距数，这样依次进行分度时就可准确无误，如图 6-5 所示。

2. 分度头的安装与调整

（1）分度头主轴轴线与铣床工作台台面平行度的校正如图 6-6 所示，用 ϕ40mm×400mm 长的校正棒插入分度头主轴孔内，以工作台台面为基准，用百分表测量校正棒两端。当两端百分表数值一致时，则分度头主轴轴线与工作台台面平行。

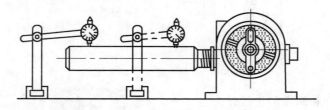

图 6-6　主轴与台面平行度的校正

（2）分度头主轴与刀杆轴线垂直度的校正如图 6-7 所示，将校正棒插入主轴孔内，使百分表的触头与校正棒的内侧面（或外侧面）接触，然后移动纵向工作台，百分表指针稳定不动时表明分度头主轴与刀杆轴线垂直。

（3）分度头与后顶尖同轴度的校正需先校正好分度头，然后将校正棒装夹在分度头与后顶尖之间，校正后顶尖与分度头主轴等高，再校正其同轴度，使两顶尖间的轴线平行

于工作台台面,又垂直于铣刀刀杆,如图6-8所示。

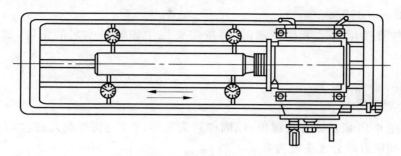

图 6-7 主轴与刀杆轴线垂直度的校正

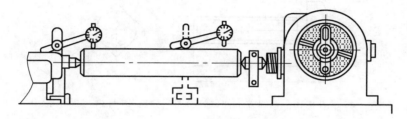

图 6-8 分度头与后顶尖同轴度的校正

3. 工件的装夹

利用分度头装夹工件的方法,通常有以下几种。

(1) 用三爪卡盘和后顶尖夹紧工件,如图6-9(a)所示。

(2) 用前后顶尖夹紧工件,如图6-9(b)所示。

(3) 工件套装在心轴上,用螺母压紧,然后同心轴一起被顶持在分度头和后顶尖之间,如图6-9(c)所示。

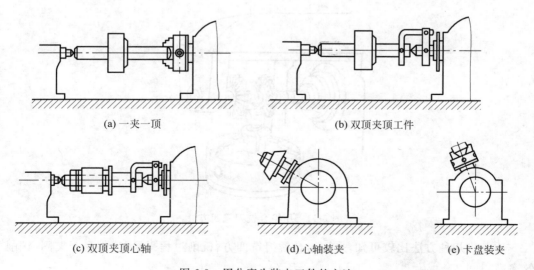

(a) 一夹一顶   (b) 双顶夹顶工件

(c) 双顶夹顶心轴   (d) 心轴装夹   (e) 卡盘装夹

图 6-9 用分度头装夹工件的方法

（4）工件套装在心轴上，心轴装夹在分度头的主轴锥孔内，并可按需要使主轴倾斜一定的角，如图 6-9(d)所示。

（5）工件直接用三爪卡盘夹紧，并可按需要使主轴倾料一定的角度，如图 6-9(e)所示。

 **实践操作**

铣削如图 6-10 所示四方头螺栓，以圆棒料为坯料，在端面、外圆及螺纹均车削后，在卧式铣床上利用万能分度头铣四方。

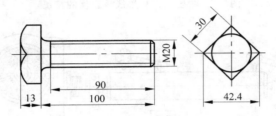

图 6-10　铣四方工件（螺栓）图（材料：45 号钢）

铣削方法有如下几种。

（1）分度头主轴处于水平位置，三爪卡盘装夹工件，用三面刃铣刀铣出一个平面后，分度头分度，将工件转 90°，铣另一平面，直至铣出四方为止。

（2）分度头主轴处于垂直位置，三爪卡盘装夹工件，用三面刃铣刀铣出一个平面后，分度头分度，将工件转 90°，铣另一平面，直至铣出四方为止。

（3）分度头主轴处于垂直位置，三爪卡盘装夹工件，用组合铣刀铣四方。具体方法是用两把相同的三面刃铣刀同时铣出两个面，如图 6-11 所示，然后分度头分度，将工件转90°，再铣出另外两个平面。

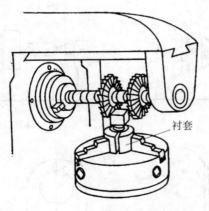

图 6-11　用组合铣刀铣四方

从上述几种方法比较可知，采用组台铣刀铣四方，铣削过程平稳，工件易于夹固，铣削效率高。

采用组合铣刀铣四方时,应注意如下动作要领。

(1)将分度头主轴转至 90°后与工作台台面垂直并紧固;为防止卡盘把工件上的螺纹夹坏,需在螺纹部分套上开槽的衬套。

(2)采用简单分度法分度时,手柄的转数 $n=40/z=40/4=10$(转),即每次分度时分度手柄要转过 10 转。采用直接分度法时,利用分度头上的刻度环将主轴扳转 90°即可。

(3)对刀方法如图 6-12 所示,先使组合铣刀的一个端面的刀刃与工件表面接触,然后下降工作台,工作台横向移动一个距离 A 后,再铣削。横向移动工作台的距离 A 可按下式计算:

$$A = \frac{D}{2} + \frac{s}{2} + B$$

式中:A 为横向工作台移动的距离,mm;D 为工件外径,mm;s 为工件四方的对边尺寸,mm;B 为铣刀宽度,mm。

(4)刀杆上装两把直径相同的三面刃铣刀,中间用轴套隔开的距离 s 为 30mm。

(5)横向工作台的位置确定后,将横向工作台锁紧,然后铣削。

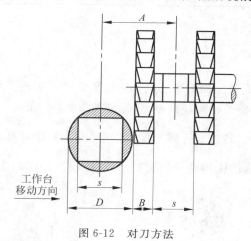

图 6-12　对刀方法

6.4　任务实施

1. 准备工作

(1)工件毛坯

材料:45 号圆钢;毛坯尺寸:ϕ30mm×250mm;数量:1 件。

(2)工艺装备

分度头、0.02mm/(0~150mm)的游标卡尺、划线尺、直齿三面刃铣刀、模数齿轮铣刀、键槽铣刀。

(3)设备、材料、工具清单

设备、材料、工具清单如表 6-1 所示。

表 6-1　设备、材料、工具清单

项　目	序号	名　称	作　用	数量	型　号
所用设备和刀具	1	铣床	加工工作地	1	X6132
	2	模数齿轮铣刀(高速钢)	铣削三角键槽	1	
	3	三面刃铣刀(高速钢)	铣削花键轴	1	
	4	键槽铣刀	铣键槽	1	$\phi6mm$
	5	分度头	等分分度	1	FW125
毛坯材料	1	45 号钢	毛坯材料	1	$\phi30mm\times250mm$
所用工具、量具	1	游标卡尺	测量	1	0～150mm
	2	公法线千分尺	测量	1	25～50mm
	3	钢板尺	测量	1	150mm
	4	百分表	测量、找正	1	0～5mm
	5	锉刀	除毛刺	1	Ⅰ号扁锉

2. 铣削步骤

（1）铣花键轴

在 X6125 型铣床上安装三面刃铣刀，并用分度头和顶尖将工件装卡牢固，用划线找正的方法对刀，用三面刃铣刀铣削花键轴，主轴转速 $n=85r/min$，$v_f=60mm/min$，因花键轴需六等分，故分度头每次转过 $6\frac{2}{3}$ 圈。铣削六等分后，重新对刀，铣削键槽的另一侧面，然后将花键轴键槽内多余的铣削余量切除，直至形成较为标准的花键，如图 6-13 所示。

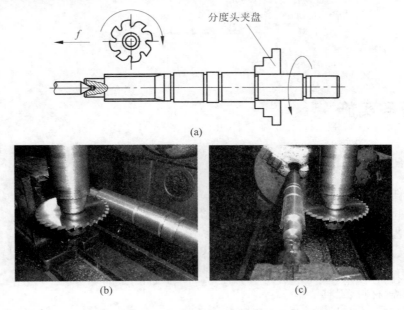

(a)

(b)　　　　　　　　　(c)

图 6-13　花键轴铣削加工过程

(d)　　　　　　　　(e)

(f)　　　　　　　　(g)

图　6-13(续)

（2）铣键槽

将直径为$\phi 6mm$的键槽铣刀安装于铣床主轴上,用直径为$\phi 6mm$的键槽铣刀铣削键槽至深度,然后纵向进给工件,铣削至如图6-14所示的尺寸,主轴转速$n=595r/min,v_f=18mm/min$。

（3）铣三角键

将锯片铣刀安装在铣床上,按照划好的线对刀,然后进行铣削,三角键的齿数为20,故每次分度头手柄转过2圈,主轴转速$n=85r/min,v_f=60mm/min$,如图6-15所示。

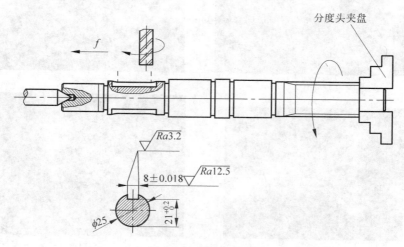

图6-14　铣轴上键槽

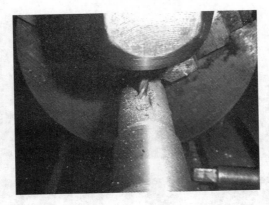

图　6-14（续）

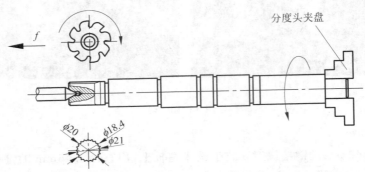

(a)

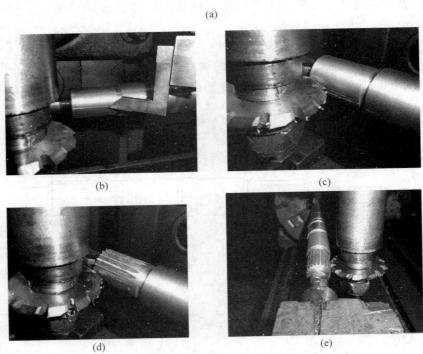

图 6-15　铣三角键

（4）钳工去毛刺

用锉刀等工具去掉毛刺。

3. 结束工作

（1）自检

加工完毕，卸下工件，仔细测量各部分尺寸，装配工件，检验其装配精度。

（2）清理

工件上交，清点工具，收拾工作场地。

（3）评价

每位同学铣削完一件产品后，结合评分标准，对自己的产品进行评价，对出现的质量问题分析原因，并找出改进措施。

6.5 任务评价

传动轴加工任务评分表如表 6-2 所示。

表 6-2 传动轴加工任务评分表

评价类别	评价项目	评价标准	评价配分	评价得分
专业能力	花键	大径 $\phi26_{-0.43}^{-0.30}$ mm	5	
		小径 $\phi23_{-0.028}^{-0.07}$ mm	5	
		键宽 $6_{-0.04}^{-0.01}$ mm	5	
	三角键	小径 $\phi18.4$ mm	5	
	键槽	键宽 (8 ± 0.018) mm	5	
		键深 $5_{0}^{+0.2}$ mm	5	
	表面粗糙度	$Ra\leqslant6.3\mu m$（1 处）、$Ra\leqslant3.2\mu m$（2 处）	10	
	倒角、毛刺	各倒边处无毛刺、有倒角	5	
	工具、设备的使用与维护	正确、规范使用工具、量具、刃具，合理保养与维护工具、量具、刃具	5	
		正确、规范地使用设备，合理保养维护设备	5	
		操作姿势正确，动作规范	5	
	安全及其他	安全文明生产，按国家颁布的有关法规或企业自定的有关规定执行	5	
		操作方法及工艺规程正确	5	
	完成时间	90min	10	
社会能力	团队协作	小组成员之间合作良好	5	
	职业意识	工具、夹具、量具使用合理、准确，摆放整齐；节约使用原材料，不浪费；做到环保	5	
	敬业精神	遵守纪律，具有爱岗敬业、吃苦耐劳精神	5	
方法能力	计划与决策	计划和决策能力较好	5	

项目三

钳 工

知识目标：

（1）了解钳工工作在零件加工、机械装配及维修中的作用、特点和应用。

（2）了解钻孔、扩孔、铰孔的加工方法和应用。

（3）初步掌握钳工主要工作（划线、錾削、锯割、锉削、钻孔、刮削、攻螺纹、套螺纹）的基本操作方法。

（4）熟悉装配的概念及简单部件的装拆方法，完成简单部件的装拆工作。

能力目标：

（1）能正确使用钳工常用的工具、量具，并会保养和维护。

（2）能按照图纸独立加工中等复杂程度零件，具有一定的操作技能。

（3）能对照图纸制订加工顺序和工艺文件。

素质目标：

（1）通过学习，领悟机械加工技能在工业生产和社会生活中的应用，进一步认识其应用价值。

（2）在实际加工中，锻炼学生的实际动手操作能力，同时激发学生的学习兴趣，使学生在做中学习产品及其零部件冷热加工方法的相关知识，加深学生对机械加工工艺学知识的理解。

（3）培养独立思考、勤于思考、善于提问的学习习惯，进一步树立崇尚科学的精神，坚持求真、严谨求实和开拓创新的科学态度，形成科学的世界观。

（4）培养学生树立职业意识，按照企业的"6S"质量管理体系要求学生。"6S"即整理、整顿、清扫、清洁、素养、安全。

（5）在项目任务完成的过程中，培养学生团队协作、沉着应变、爱岗敬业的精神。

 **安全规范**

（1）实习时要穿工作服，女同学要戴工作帽。不准穿拖鞋。操作机床时严禁戴手套。

（2）不准擅自使用不熟悉的机器和工具。设备使用前要检查，发现损坏或其他故障时应停止使用并报告。

（3）操作（尤其是钳台两侧同时有人在錾削）时要时刻注意安全，互相照应，防止意外。錾削操作时必须戴眼镜。

（4）要用刷子清理铁屑，不准用手直接清除，更不准用嘴吹，以免割伤手指和屑末飞入眼睛。

（5）使用电气设备时，必须严格遵守操作规程，防止触电。

（6）要做到文明生产（实习），工作场地要保持整洁，使用的工具、工件、毛坯和原材料应堆放整齐。

任务 7　四方开口与燕尾锉配

7.1　任务目标

（1）掌握工件锯割加工。
（2）掌握工件锉削加工。
（3）掌握四方开口锉配方法。
（4）掌握四方开口工件误差对锉配精度的影响。
（5）掌握四方开口配工件检验及修正方法。
（6）掌握具有对称度要求的工件的加工方法。
（7）能进行对称度要求的工件测量。
（8）能进行间接尺寸的计算和测量。
（9）能分析和处理锉配中产生的问题。

7.2　任务描述

1. 工作任务——四方开口与燕尾锉配

加工如图 7-1~图 7-3 所示的四方开口与燕尾锉配，该工件由三部分组成。
工件一为四方形工件，如图 7-1 所示。

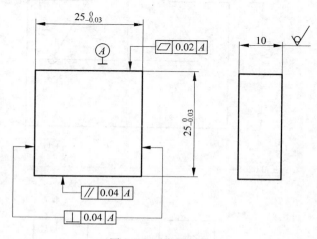

图 7-1　四方形工件

工件二为凸燕尾形工件，如图 7-2 所示。

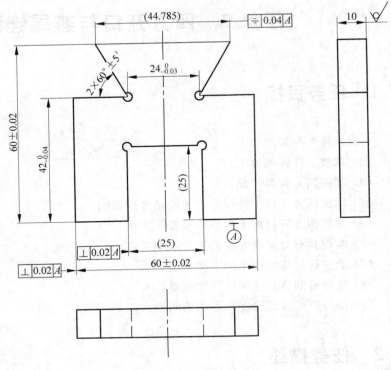

图 7-2　凸燕尾形工件

工件三为凹燕尾形工件，如图 7-3 所示。

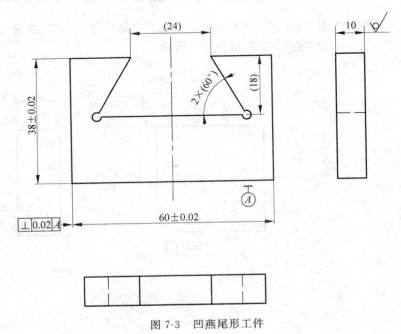

图 7-3　凹燕尾形工件

装配——四方开口工件与燕尾形工件锉配,如图 7-4 所示。

图 7-4 四方开口与燕尾锉配

2. 工艺分析

通过对图纸的分析,确定主要加工技巧为锯割和锉削,对锯割、锉削进行练习达到技术要求。安排四方开口与燕尾锉配工艺,对工件进行简单划线,进行锯割、锉削加工达到技术要求,对工件进行测量,借助测量棒对燕尾进行测量,四方开口工件、燕尾形工件锉配配合间隙达到要求并讨论总结。

7.3 知识探究

7.3.1 钳工基础

1. 钳工工作

钳工主要是利用虎钳、各种手用工具和一些机械工具完成某些零件的加工,部件、机器的装配和调试,以及各类机械设备的维护与修理等工作。

钳工是一种比较复杂、细致、工艺要求高的工作,基本操作包括零件测量、划线、錾削、锯割、锉削、钻孔、扩孔、锪孔、铰孔、攻螺纹、套螺纹、刮削、研磨、矫直、弯曲、铆接、钣金下料以及装配等。

随着机械工业的发展,钳工的工作范围日益广泛,需要掌握的技术知识和技能也越来越多,以至形成了钳工专业的分工,如普通钳工、划线钳工、修理钳工、装配钳工、模具钳工、工具样板钳工、钣金钳工等。

钳工具有所用工具简单、加工多样灵活、操作方便、适应面广等特点。目前虽然有各种先进的加工方法,但很多工作仍然需要由钳工来完成,如某些零件加工(主要是机床难以完成的或者是特别精密的加工)、机器的装配和调试、各类机械的维修,以及形状复杂、精度要求高的量具、模具、样板、夹具等的加工。钳工在保证机械加工质量中起着重要作用。因此,尽管钳工工作大部分是手工操作,生产效率低,工人操作技术要求高,但目前它在机械制造业中仍起着十分重要的作用,是不可缺少的重要工种之一。

2. 钳工工作台和虎钳

（1）钳工工作台

钳工工作台简称钳台,如图 7-5(a)所示,有单人用和多人用两种,用硬质木材或钢材做成。要求平稳、结实,台面高度一般以装上虎钳后,钳口高度恰好与人手肘平齐为宜(见图 7-5(b)),抽屉用来收藏工具,台桌上必须装有防护网。

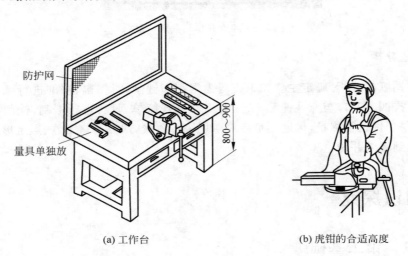

(a) 工作台   (b) 虎钳的合适高度

图 7-5 工作台及虎钳的合适高度

（2）虎钳

虎钳用来夹持工件,如图 7-6 所示,其规格以钳口的宽度来表示,常用的有 100mm、125mm、150mm 三种。

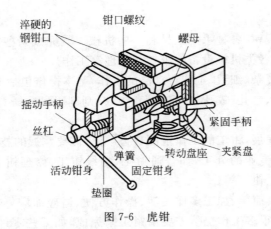

图 7-6 虎钳

使用虎钳时应注意的事项如下。

（1）工件尽量夹持在虎钳钳口中部，使钳口受力均匀。

（2）夹紧后的工件应稳固可靠，便于加工，且不产生变形。

（3）只能用手扳紧手柄夹紧工件，不准用套管接长手柄或用手锤敲击手柄，以免损坏零件。

（4）不要在活动钳身的光滑表面进行敲击作业，以免降低它与固定钳身的配合性能。

（5）加工时用力方向最好是朝向固定钳身。

　**实践操作**

（1）熟悉工作位置，整理并安放好所使用的工具、量具（量具不能与工具或工件混放在一起）。

（2）熟悉虎钳结构（可拆装实践），并在虎钳上进行工件装夹练习。

7.3.2　划线

　**理论资讯**

根据图样的尺寸要求，用划线工具在毛坯或半成品工件上划出待加工部位的轮廓线或作为基准的点、线的操作称为划线。

划线的作用如下所述。

（1）所划的轮廓线即为毛坯或工件的加工界限和依据，所划的基准点或线是毛坯或工件安装时的标记或校正线。

（2）借划线来检查毛坯或工件的尺寸和形状，并合理分配各加工表面的余量，及早辨别出不合格品，避免造成后续加工工时的浪费。

（3）在板料上划线下料，可做到正确排料，使材料合理使用。

划线是一项复杂、细致的重要工作，如果将线划错，就会造成加工后工件报废。对划线的要求是尺寸准确，位置正确，线条清晰，冲眼均匀。划线精度一般为 $0.25 \sim 0.5$mm，它直接关系到产品质量。

1. 划线工具

划线工具按用途的不同有以下几类：基准工具、量具、直接绘划工具、夹持工具等。

（1）基准工具

划线平台是划线的主要基准工具，如图 7-7 所示。安放时要平稳牢固，上平面应保持水平。平面各处要均匀使用，以免局部磨凹。不准碰撞，不准在其表面敲击，要经常保持清洁。长期不用时，应涂油

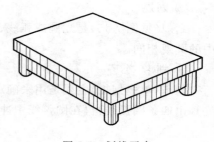

图 7-7　划线平台

防锈,并加盖保护罩。

（2）量具

量具有钢尺、直角尺、高度尺等。普通高度尺（见图 7-8(a)）又称量高尺,由钢尺和底座组成,配合划针盘量取高度尺寸。高度游标卡尺（见图 7-8(b)）能直接表示出高度尺寸,其读数精度一般为 0.02mm,可作为精密划线工具。

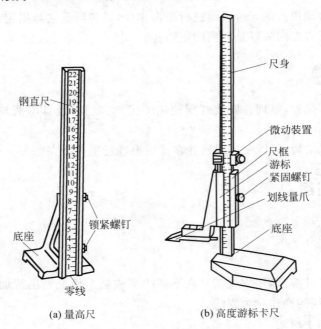

图 7-8　量高尺与高度游标卡尺

（3）直接绘划工具

直接绘划工具有划针、划规、划卡、划针盘和样冲。

① 划针

划针（见图 7-9(a)、图 7-9(b)）是在工件表面划线用的工具,常用 $\phi 3 \sim \phi 6$mm 的工具钢或弹簧钢丝制成,尖端磨成 $15° \sim 20°$ 的尖角,并经淬火。有的划针在尖端部位焊有硬质合金,其更锐利,耐磨性更好。划线时,划针要依靠钢尺或角尺等导向工具而移动,并向外侧倾斜 $15° \sim 20°$,向划线方向倾斜 $45° \sim 75°$（见图 7-9(c)）。要做到尽可能一次划成,使线条清晰、准确。

② 划规

划规（见图 7-10）是划圆或弧线、等分线段及量取尺寸等用的工具。它的用法与制图中的圆规相同。

③ 划卡

划卡（单脚划规）主要是用来确定轴和孔的中心位置。它的使用方法如图 7-11 所示。先划出四条圆弧线,再在圆弧线中冲一样冲点。

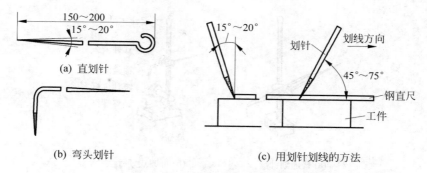

(a) 直划针

(b) 弯头划针

(c) 用划针划线的方法

图 7-9 划针的种类及使用方法

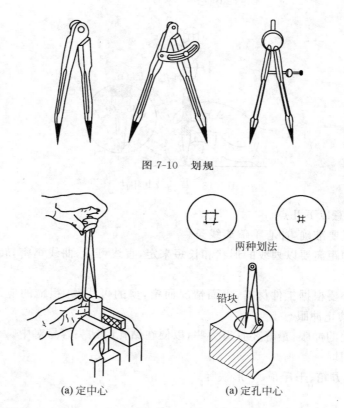

图 7-10 划规

两种划法

(a) 定中心

(a) 定孔中心

图 7-11 用划卡定中心

④ 划针盘

划针盘(见图 7-12)主要用于立体划线和校正工件位置。用划针盘划线时,要注意划针装夹牢固,伸出长度要短,以免产生抖动。底座要保持与划线平板紧贴,不要摇晃和跳动。

⑤ 样冲

样冲(见图 7-13)是在划好的线上冲眼用的工具。冲眼是为了强化显示用划针划出的加工界线,也是使划出的线条具有永久性的位置标记;此外,就是为划圆弧作定心脚点用。样冲用工具钢制成,尖端处磨成 45°～60°角并经淬火硬化。

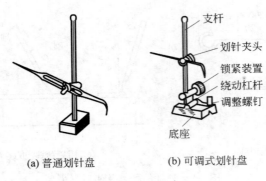

(a) 普通划针盘　　　(b) 可调式划针盘

图 7-12　划针盘

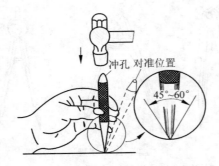

图 7-13　样冲及其用法

冲眼时要注意以下几点。

① 冲眼位置要准确,冲心不偏离线条。

② 冲眼间的距离要以划线的形状和长短来定,直线可稀,曲线稍密,转折交叉点处需冲点。

③ 冲眼大小要根据工件材料,表面情况而定,薄的可浅些,粗糙的应深些,软的应轻些,精加工表面禁止冲眼。

④ 圆中心处的冲眼,最好要打得大些,以便在钻孔时钻头容易对中。

(4) 夹持工具

夹持工具有方箱、千斤顶、V 形铁等。

① 方箱

方箱(见图 7-14)是用铸铁制成的空心立方体,它的六个面都经过精加工,相邻各面互相垂直。方箱用于夹持、支承尺寸较小而加工面较多的工件。通过翻转方箱,便可在工件的表面上划出互相垂直的线条。

② 千斤顶

千斤顶(见图 7-15)是在平板上作支承工件划线用的,其高度可以调整,用于不规则或较大工件的划线找正,通常三个为一组。

③ V 形铁

V 形铁(见图 7-16)用于支承圆柱形工件,使工件轴心线与平台平面(划线基面)平行。一般两块为一组。

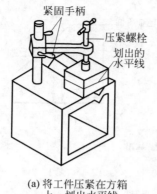

(a) 将工件压紧在方箱
上，划出水平线

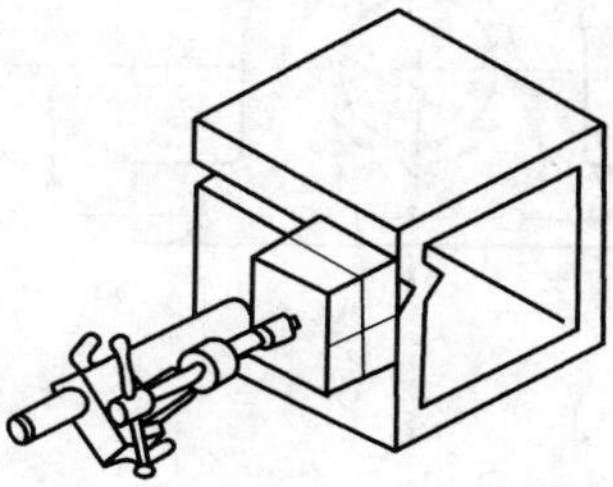

(b) 方箱翻转90°划出垂直线

图 7-14 用方箱夹持工件

图 7-15 千斤顶

顶杆
圆螺母
锁紧螺母
定向螺母
千斤顶座

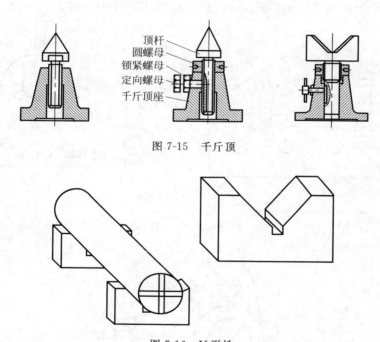

图 7-16 V形铁

2. 划线基准

用划针盘划各水平线时，应选定某一基准作为依据，并以此来调节每次划线的高度，这个基准称为划线基准。

在零件图上用来确定其他点、线、面位置的基准称为设计基准。划线时，划线基准与设计基准应一致。合理选择基准能提高划线质量和划线速度，并避免失误。

选择划线基准的原则：一般选择重要孔的轴线为划线基准（见图 7-17(a)）。若工件上个别平面已加工过，则应以加工过的平面为划线基准（见图 7-17(b)）。

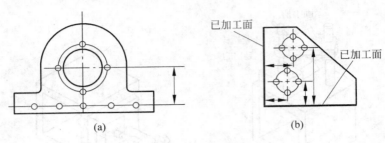

图 7-17　划线基准

常见的划线基准有以下三种类型。

(1) 以两个互相垂直的平面(或线)为基准(见图 7-18(a))。

(2) 以一个平面与一对称平面(或线)为基准(见图 7-18(b))。

(3) 以两个互相垂直的中心平面(或线)为基准(见图 7-18(c))。

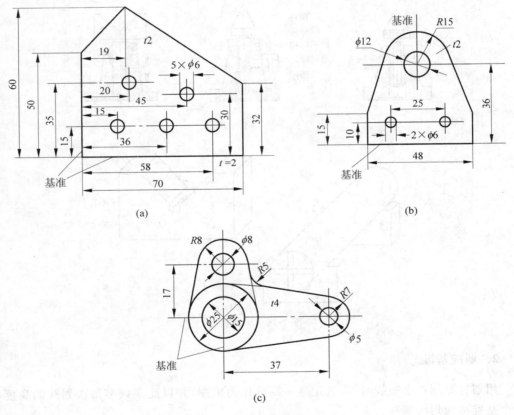

图 7-18　划线基准种类

3. 划线方法

划线方法分平面划线和立体划线两种。平面划线是在工件的一个平面上划线(见图 7-19(a));立体划线是平面划线的复合,是在工件的几个表面上划线,即在长、宽、高三个方向划线（见图 7-19（b））。

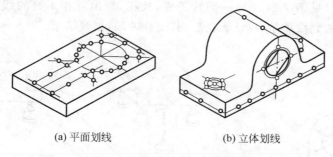

(a) 平面划线　　　　　　　　(b) 立体划线

图 7-19　平面划线和立体划线

平面划线与平面作图方法类似，用划针、划规、直角尺、钢尺等在工件表面上划出几何图形的线条。

平面划线步骤如下：①分析图样，查明要划哪些线，选定划线基准；②划基准线和加工时在机床上安装找正用的辅助线；③划其他直线；④划圆，连接圆弧、斜线等；⑤检查核对尺寸；⑥打样冲眼。

立体划线是平面划线的复合运用，它和平面划线有许多相同之处，不同的是在两个以上的面划线，如划线基准一经确定，其后的划线步骤大致相同。常用的方法有两种：一种是工件固定不动，适用于大件，划线精度较高，但生产率较低；另一种是工件翻转移动，适用于中、小件，划线精度较低，生产率较高。在实际工作中，也有采用中间方法的，特别是中、小件，将工件固定在方箱上，方箱可翻转，这样兼有两法优点。

**实践操作**

1. 在钢板上划平面图形

在钢板上划平面图形的具体示例见图 7-20。

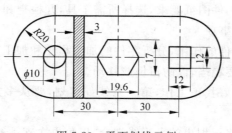

图 7-20　平面划线示例

2. 简单零件的立体划线

图 7-21 所示为滑动轴承座进行立体划线的实例，其划线步骤如下：研究图样，确定划线基准→清理工件表面，给划线部位涂上石灰水，给铸孔堵上木料或铅料塞块→用千斤

顶支承工件后找正,即根据孔中心及平面,调节千斤顶,使工作台水平(见图 7-21(a))→划基准线,划水平线(见图 7-21(b))→翻转工件,找正,划出互相垂直的线(见图 7-21(c)、图 7-21(d))→检查划线质量,确认无误后,打上样冲眼,划线结束。

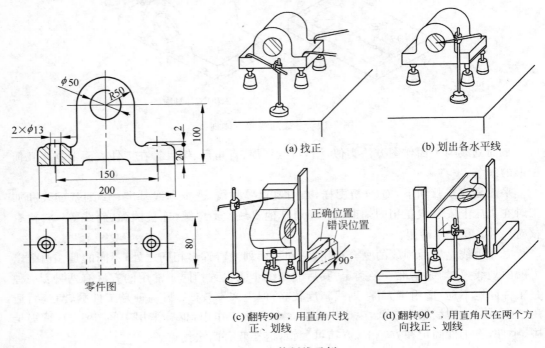

(a) 找正

(b) 划出各水平线

(c) 翻转90°,用直角尺找正、划线

(d) 翻转90°,用直角尺在两个方向找正、划线

零件图

图 7-21　立体划线示例

3. 动作要领

(1) 划线前的准备

① 工件准备。工件准备包括工件的清理、检查和表面涂色。必要时在工件孔中安置中心塞块。

② 工具的准备。按工件图纸要求,选择所需工具,并检查和校验工具。

(2) 操作时应注意的事项

① 看懂图纸,了解零件的作用,分析零件的加工程序和加工方法。

② 工件夹持或支承要稳当,以防滑倒或移动。

③ 毛坯划线时,要做好找正工作,第一条线如何划,要从多方面考虑,制订划线方案时要考虑全局。

④ 在一次支承中应将要划出的平行线划全,以免再次支承补划造成误差。

⑤ 正确使用划线工具,划出的线条要求准确、清晰,关键部位要划辅助线,样冲眼的位置要准确,大小疏密要适当。

⑥ 划线时自始至终要认真、仔细,划完后要反复核对尺寸,直到正确无误后才能转入机械加工。

7.3.3 錾削

用手锤打击錾子对金属进行切削加工的操作称为錾削。

錾削的作用就是錾掉或錾断金属,使其达到所要求的形状和尺寸。

錾削具有较大的灵活性,它不受设备、场地的限制,多在机床上无法加工或采用机床加工难以达到要求的情况下使用。目前,一般用在凿油槽、刻模具及錾断板料等。

錾削是钳工需要掌握的基本技能之一。通过錾削工作的锻炼,可提高敲击的准确性,为装拆机械设备(钳工装配、机器修理)奠定基础。

1. 錾削工具

錾削工具主要是錾子与手锤。

(1) 錾子

錾子应具备的条件是其刃部的硬度必须大于工件材料的硬度,并且必须制成楔形(即有一定楔角),才能顺利地分割金属,达到錾削加工的目的。

錾子由锋口(切削刃)、斜面、柄部、头部四个部分组成,如图 7-22 所示。柄部一般制成棱形,全长约 170mm,直径为 $\phi 8 \sim \phi 20$mm。

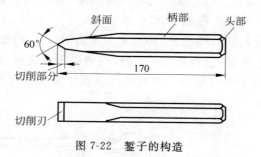

图 7-22 錾子的构造

錾子的种类根据工件加工的需要,一般常用的有以下几种。

① 扁錾(平口錾)如图 7-23(a)所示,它有较宽的切削刃(刀刃),一般为 15～20mm,用于錾大平面、较薄的板料、直径较细的棒料,清理焊件边缘及铸、锻件上的毛刺、飞边等。

② 尖錾(狭錾)如图 7-23(b)所示,它的刀刃较窄,一般为 2～10mm,用于錾槽和配合扁錾錾削宽的平面。

③ 油槽錾如图 7-23(c)所示,它的刀刃很短,并呈圆弧状,斜面做成弯曲形状,用于錾削轴瓦和机床润滑面上的油槽等。

在制造模具或其他特殊场合时,还需要特殊形状的錾子,可根据实际需要锻制。

錾子的材料通常采用碳素工具钢 T7、T8,经锻造并经热处理,其硬度要求是切削部分为 52～57HRC,头部为 32～42HRC。

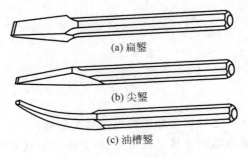

(a) 扁錾

(b) 尖錾

(c) 油槽錾

图 7-23　錾子的种类

　　錾子的切削部分呈楔形,它由两个平面与一个刀刃所组成,两个面之间的夹角称为楔角 β。楔角越大,切削部分的强度越高,但錾削阻力大,不但切削困难,而且会将材料的被切面挤切不平,所以应在保证錾子具有足够强度的前提下尽量选取小的楔角值。一般錾子楔角根据工件材料的硬度选择,在錾削硬材料(如碳素工具钢)时,楔角取 $60°\sim70°$;錾削碳素钢和中等硬度的材料时,楔角取 $50°\sim60°$,錾削软材料(铜、铝)时,楔角取 $30°\sim50°$。

　　(2) 手锤

　　手锤(榔头)是錾削工作中不可缺少的工具,用錾子錾削工件时,必须靠手锤的锤击力才能完成。

　　手锤(见图 7-24)由锤头和木柄两部分组成。锤头用碳素工具钢制成,两端经淬火硬化、磨光等处理,顶面有少量凸起。锤头的另一端形状可根据需要制成圆头、扁头、鸭嘴或其他形状。手锤的规格以锤头的重量大小来表示,有 0.25kg(约 0.5 磅)、0.5kg(约 1 磅)、0.75kg(约 1.5 磅)、1kg(约 2 磅)等几种。木柄需用坚韧的木质材料制成,截面形状一般呈椭圆形,长度要合适,过长操作不方便,过短则不能发挥锤击力量。一般以操作者手握锤头,手柄与肘长相等为适宜。木柄装入锤孔中必须打入楔子(见图 7-25),以防锤头脱落伤人。

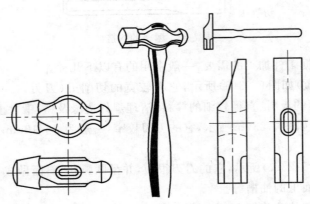

图 7-24　钳工用锤

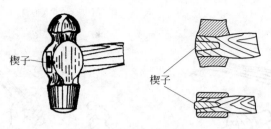

图 7-25　锤柄端部打入楔子

2. 錾削操作

（1）錾子的握法

握錾的方法随工作条件不同而不同，常用的有以下几种。

① 正握法，如图 7-26(a)所示。手心向下，用虎口夹住錾身，拇指与食指自然伸开，其余三指自然弯曲靠拢，握住錾身。这种握法适于在平面上进行錾削。

② 反握法，如图 7-26(b)所示。手心向上，手指自然捏住錾柄，手心悬空。这种握法适用于小的平面或侧面錾削。

③ 立握法，如图 7-26(c)所示。虎口向上，拇指放在錾子一侧，其余四指放在另一侧捏住錾子。这种握法用于垂直錾切工件，如在铁砧上錾断材料等。

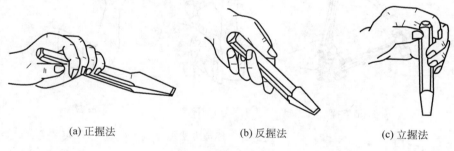

(a) 正握法　　　　　　(b) 反握法　　　　　　(c) 立握法

图 7-26　錾子的握法

（2）手锤的握法

手锤的握法有紧握法、松握法两种。

① 紧握法如图 7-27 所示。右手五指紧握锤柄，大拇指合在食指上，虎口对准锤头方向，木柄尾端露出 16～30mm，在锤击过程中五指始终紧握。这种方法因手锤紧握，容易疲劳或将手磨破，所以尽量少用。

② 松握法如图 7-28 所示。在锤击过程中，拇指与食指仍卡住锤柄，其余三指稍有自然松动，压着锤柄，锤击时三指随冲击逐渐收拢。这种握法的优点是轻便自如、锤击有力、减轻疲劳，故常在操作中使用。

（3）挥锤方法

挥锤方法有腕挥、肘挥、臂挥三种。

① 腕挥如图 7-29(a)所示。单凭腕部的动作，挥锤敲击。锤击力小，适用錾削的开始与收尾，或錾油槽、打样冲眼等用力不大的地方。

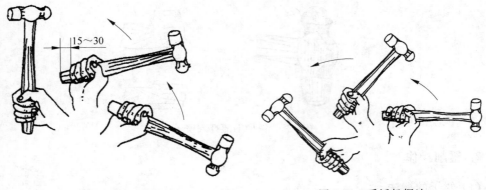

图 7-27 手锤紧握法 图 7-28 手锤松握法

② 肘挥如图 7-29(b)所示。靠手腕和肘的活动，即小臂的挥动。挥锤时，手腕和肘向后挥动，上臂不大动，然后迅速向錾子顶部击去。肘挥的锤击力较大，应用最广。

③ 臂挥如图 7-29(c)所示。臂挥是腕、肘和臂的联合动作，挥锤肘手腕和肘向后上方伸，并将臂伸开。臂挥的锤击力大，适用于要求锤击力大的錾削工作。

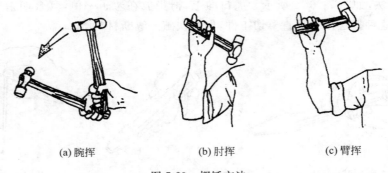

(a) 腕挥 (b) 肘挥 (c) 臂挥

图 7-29 挥锤方法

（4）錾削时的步位和姿势

錾削时，操作者的步位和姿势应便于用力。身体的重心偏于右腿，挥锤要自然，眼睛应正视錾刃，而不是看錾子的头部。錾削时的步位和正确姿势如图 7-30 所示。

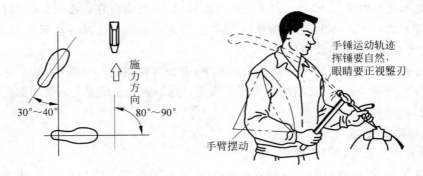

图 7-30 錾削时的步位和正确姿势

（5）錾削时主要角度对錾削的影响

在錾削过程中，錾子需与錾削平面形成一定的角度，如图 7-31 所示。各角度主要作用如下所述。

前角 γ（前刀面与基面之间的夹角）的作用是减少切屑变形并使錾削轻快。前角越大，切削越省力。

后角 α（后刀面与切削平面之间的夹角）的作用是减少后刀面与已加工面间的摩擦，并使錾子容易切入工件。

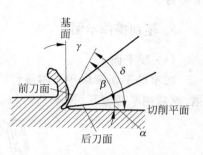

图 7-31 錾削时的角度

切削角 δ（前刀面与切削平面之间的夹角）的大小对錾削质量、工作效率有很大关系。由 $\delta = \beta + \alpha$ 可知，δ 的大小由 β 和 α 确定，而楔角 β 是根据被加工材料的软、硬程度选定的，在工作中是不变的。所以切削角的大小取决于后角 α。后角过大，使錾子切入工件太深，錾削困难，甚至损坏錾子刃口和工件（见图 7-32（a））。后角太小，錾子容易从材料表面滑出，或切入很浅，效率不高（见图 7-32（b））。所以，錾削时后角是关键角度，α 一般以 $5° \sim 8°$ 为宜。在錾削过程中，应掌握好錾子，使后角保持稳定不变，否则工件表面将錾得高低不平。

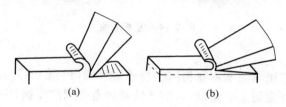

图 7-32 后角大小对錾削的影响

（6）錾削要领

起錾时，錾子尽可能向右倾斜约 $45°$（见图 7-33（a）），从工件尖角处向下倾斜 $30°$，轻打錾子，便容易切入材料。然后按正常的錾削角度，逐步向中间錾削。

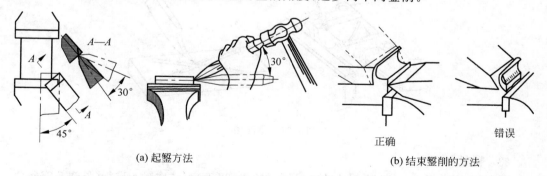

(a) 起錾方法   (b) 结束錾削的方法

图 7-33 起錾和结束錾削的方法

当錾削到距工件尽头约 10mm 时，应调转錾子来錾掉余下的部分（见图 7-33（b））。这样，可以避免单向錾削到终了时边角崩裂，保证錾削质量。这在錾削脆性材料时尤其应该注意。在錾削过程中每分钟锤击次数在 40 次左右。刃口不要老是顶住工件,每錾两三次后,可将錾子退回一些,选样既可观察錾削刃口的平整度,又可使手臂肌肉放松一下,效果较好。

3. 錾削操作示例

（1）錾平面

较窄的平面可以用平錾进行,每次錾削厚度为 0.5～2mm。对宽平面,应先用窄錾开槽,然后用平錾錾平（见图 7-34）。

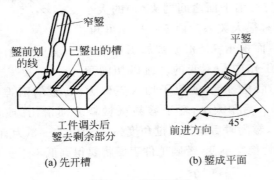

（a）先开槽　　（b）錾成平面

图 7-34　錾宽平面

（2）錾油槽

錾削油槽时,要选用与油槽宽度相同的油槽錾錾削（见图 7-35）。必须使油槽錾得深浅均匀,表面光滑。在曲面上錾油槽时,錾子的倾斜角要灵活掌握,应随曲面而变动,保持錾削时后角不变,以使油槽的尺寸、深度和表面粗糙度达到要求。錾削后需用刮刀裹以砂布修光。用平口錾在虎钳上錾断工件,要求錾痕齐整,尺寸准确。

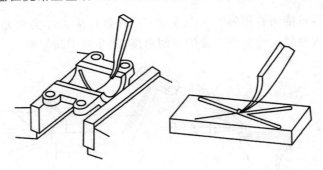

图 7-35　錾油槽

（3）錾断

錾断薄板（厚度 4mm 以下）和小直径棒料（ϕ13mm 以下）可在虎钳上进行（见图 7-36(a)）。用扁錾沿着钳口并斜对着板料约 45°自右向左錾削。对于较长或大型板料,如果不能在虎钳上进行,可以在铁砧上錾断（见图 7-36(b)）。

当錾断形状复杂的板料时,最好在工件轮廓周围钻出密集的排孔,然后再錾断。对于轮廓的圆弧部分,宜用狭錾錾断(见图 7-37(a));轮廓的直线部分,宜用扁錾錾削(见图 7-37(b))。

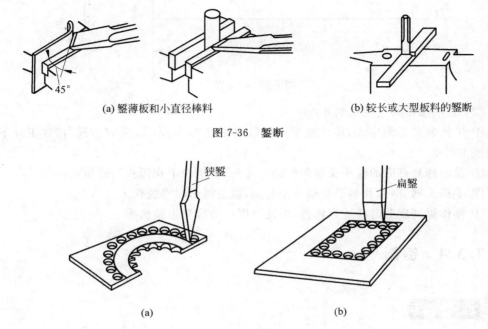

(a) 錾薄板和小直径棒料   (b) 较长或大型板料的錾断

图 7-36   錾断

图 7-37   弯曲部分和直线部分的錾断

4. 錾削质量问题及产生原因分析

錾削中常见的质量问题有三种:①錾过了尺寸界线;②錾崩了棱角或棱边;③夹坏了工件的表面。

以上三种质量问题产生的主要原因是操作时不认真和还未充分掌握操作方法。

 **实践操作**

1. 刃磨扁錾

刃磨的要求是楔角的大小要与工件材料相适应,且两边对称于中心线,锋口两面一样宽,刃口成一直线。

2. 錾切板料(车刀垫片)

如图 7-38 所示,用平口錾在虎钳上錾断工件,要求錾痕齐端,尺寸准确。

3. 动作要领

(1) 对刃磨扁錾的要求

錾子切削部分的好坏,直接影响錾削的质量和工作的效率。在使用过程中要经常刃磨。

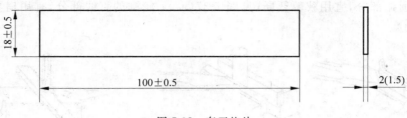

图 7-38　车刀垫片

（2）錾削操作时应注意的几点

① 工件装夹必须牢靠，伸出宽度一般以离钳口 10～15mm 为宜。同时，在工件下面应加垫木衬垫。

② 及时修复打毛的錾子头部和松动的锤头，阻免伤手和锤头飞脱伤人。

③ 手锤头部、柄部和錾子头部不准有油，以免锤击时滑脱伤人。

④ 操作感到疲劳时要适当休息，手臂过度疲劳容易击偏伤手。

7.3.4　锯割

锯割（锯削）是用手锯对工件或材料进行分割的一种切削加工。

锯割的工作范围包括分割各种材料或半成品（见图 7-39(a)）；锯掉工件上多余部分（见图 7-39(b)）；在工件上锯槽（见图 7-39(c)）。

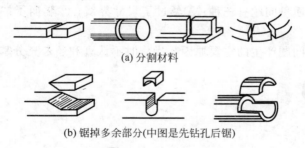

(a) 分割材料

(b) 锯掉多余部分(中图是先钻孔后锯)

(c) 锯槽

图 7-39　锯割实例

虽然当前各种自动化、机械化的切割设备已被广泛采用，但是手锯切割还是很常见。它具有方便、简单和灵活的特点，不需任何辅助设备，不消耗动力。在单件小批量生产，临时工地以及切割异形工件、开槽、修整等场合应用很广。因此，手工锯割也是钳工需要掌握的基本功之一。

1. 手锯

手锯包括锯弓和锯条两部分。

（1）锯弓

锯弓分固定式和可调节式两种。固定式锯弓的弓架是整体的，只能装一种长度规格的锯条（见图7-40(a)）。可调式锯弓的弓架分成前后两段，由于前段在后段套内可以伸缩，因此可以安装几种长度规格的锯条（见图7-40(b)）。

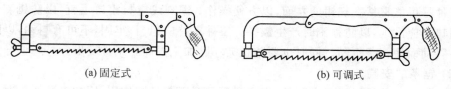

(a)固定式   (b)可调式

图 7-40 锯弓的构造

（2）锯条

锯条用碳素工具钢或合金工具钢制成，并经热处理淬硬。锯条规格以锯条两端安装孔间的距离表示，常用的手工锯条长300mm、宽12mm、厚0.8mm。锯条的切削部分是由许多锯齿组成的，每一个齿相当于一把錾子，起切削作用。常用的锯条后角 α 为 $40°\sim45°$、楔角 β 为 $45°\sim50°$、前角 γ 约为 $0°$（见图7-41）。

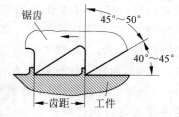

图 7-41 锯齿的形状

锯条制造时，锯齿按一定形状左右错开，排列成一定的形状，称为锯路。锯路有交叉、波浪等不同排列形状（见图7-42）。锯路的作用是使锯缝宽度大于锯条背部的厚度，其目的是防止锯割时锯条卡在锯缝中，减少锯条与锯缝的摩擦阻力，并使排屑顺利，锯割省力，提高工作效率。

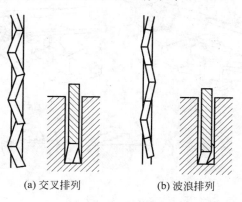

(a)交叉排列   (b)波浪排列

图 7-42 锯齿的排列形状

锯齿的粗细是按锯条上每25mm长度内的齿数来表示的，14～18齿为粗齿，24齿为中齿，32齿为细齿。

锯齿的粗细应根据加工材料的硬度、厚薄来选择。锯割软材料或厚材料时，因锯屑较多,要求有较大的容屑空间,应选用粗齿锯条。锯割硬材料或薄材料时,因材料硬,锯齿不易切入,锯屑量少,不需要大的容屑空间。另外,薄材料在锯割中,齿易被工件勾住而崩裂,需同时工作的齿数多(一般要有三个齿同时接触工件),使锯齿承受的力量减少,应选用细齿锯条。一般中等硬度材料选用中齿锯条。

2. 锯割操作

（1）工件的夹持

工件尽可能夹持在虎钳的左面,以方便操作;锯割线应与钳口垂直,以防锯斜;锯割线离钳口不应太远,以防锯割时产生颤抖。工件夹持应稳当、牢固,不可有抖动,以防锯割时工件移动而使锯条折断。同时也要防止夹坏已加工表面和工件变形。

（2）锯条的安装

手锯是在向前推时进行刀削的,在向后返回时不起切削作用,因此安装锯条时要保证齿尖的方向朝前。锯条的松紧要适当,太紧失去了应有的弹性,锯条易崩断;太松会使锯条扭曲,锯缝歪斜,锯条也容易折断。

（3）起锯

起锯是锯割工作的开始,起锯的好坏直接影响锯割质量。起锯的方式有远边起锯和近边起锯两种,一般情况下采用远边起锯(见图7-43(a)),因为此时锯齿是逐步切入材料,不易被卡住,起锯比较方便。如采用近边起锯(见图7-43(b)),掌握不好时,锯齿由于突然锯入且较深,容易被工件棱边卡住,甚至崩断或崩齿。无论采用哪一种超锯方法,起锯角 α 以 15° 为宜。如起锯角太大,则锯齿易被工件棱边卡住;起锯角太小,则不易切入材料,锯条还可能打滑,把工件表面锯坏(见图7-43(c))。为了使起锯的位置准确和平稳,可用左手大拇指挡住锯条来定位。起锯时压力要小,往返行程要短,速度要慢,这样可使起锯平稳。

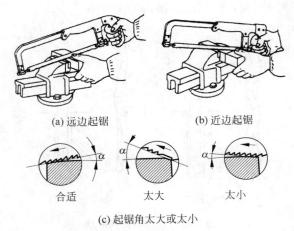

(a) 远边起锯　　　　　(b) 近边起锯

合适　　　　太大　　　　太小

(c) 起锯角太大或太小

图 7-43　起锯方法

（4）锯割的姿势

锯割时的站立姿势与錾削相似,人体重量均分在两腿上。右手握稳锯柄,左手扶在锯弓前端,锯割时推力和压力主要由右手控制(见图7-44)。

推锯时锯弓运动方式有两种:一种是直线运动,适用于锯缝底面要求平直的槽和薄壁工件的锯割。另一种是锯弓作上、下摆动,这样操作自然,两手不易疲劳。手锯在回程中因不进行切削故不要施加压力,以免锯齿磨损。在锯割过程中锯齿崩落后,应将邻近几个齿都磨成圆弧(见图7-45),才可继续使用,否则会连续崩齿直至锯条报废。

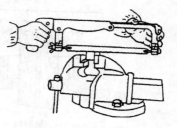

图7-44 手锯的握法

3. 锯割操作示例

(1)圆管锯割

锯薄管时应将管子夹在两块木制的 V 形槽垫之间,以防夹扁管子(见图7-46)。锯割时不能从一个方向锯到底(见图7-47(b)),因锯齿锯穿管子内壁后,锯齿即在薄壁上切削,受力集中,很容易被管壁勾住。正确的方法是多次变换方向进行锯割,每一个方向只能锯到管子内壁处,随即把管子转过一个角度,一次一次变换,逐次进行锯切,直至锯断为止(见图7-47(a))。在变换方向时应使已锯部分向锯条推进方向转动,不要反转(见图7-47(b))。否则锯齿也会被管壁勾住。

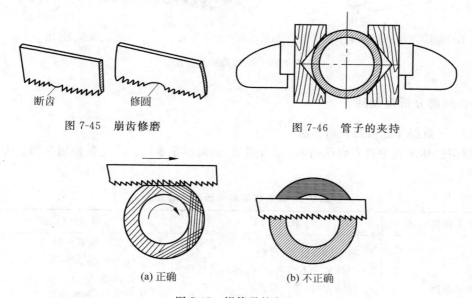

图 7-45 崩齿修磨

图 7-46 管子的夹持

(a)正确   (b)不正确

图 7-47 锯管子的方法

(2)薄板锯割

锯割薄板时应尽可能从宽面锯下去。当只能在板料的窄面锯下去时,可将薄板夹在两木板之间一起锯割(见图7-48(a)),避免锯齿勾住,同时还可增加板的刚性。当板料太宽不便虎钳装夹时,可采用横向斜推锯割(见图7-48(b))。

(3)深缝锯割

当锯缝的深度超过锯弓的高度时(见图7-49(a)),应将锯条转过90°重新安装,把

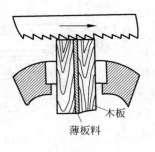
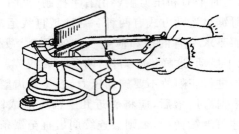

(a) 用木板夹持　　　　　　　　　　　　(b) 横向斜推锯割

图 7-48　薄板割锯

锯弓转到工件旁边(见图 7-49(b))。当锯弓横下来后锯弓的高度仍然不够时,也可按图 7-49(c)所示将锯条转过 180°把锯条的锯齿安装在锯弓内进行锯割。

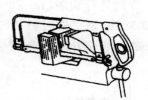
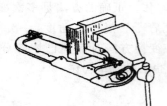
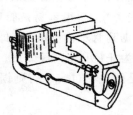

(a) 锯缝深度超过锯弓高度　　　(b) 将锯条转过90°安装　　　(c) 将锯条转过180°安装

图 7-49　深缝的锯割方法

4. 问题分析及预防

(1) 锯条损坏原因及预防办法

锯条损坏形式主要有锯条折断、锯齿崩裂、锯齿过早磨钝。产生的原因及预防方法见表 7-1。

表 7-1　锯条损坏的原因及预防方法

锯条损坏形式	原　　因	预 防 方 法
锯条折断	1. 锯条装得过紧、过松 2. 工件装夹不准确,产生抖动或松动 3. 锯缝歪斜,强行纠正 4. 压力太大,起锯较猛 5. 旧锯缝使用新锯条	1. 注意装得松紧适当 2. 工件夹牢,锯缝应靠近钳口 3. 扶正锯弓,按线锯割 4. 压力适当,起锯较慢 5. 调换厚度合适的新锯条,调转工件再锯
锯齿崩裂	1. 锯条粗细选择不当 2. 起锯角度和方向不对 3. 突然碰到砂眼、夹杂	1. 正确选用锯条 2. 选用正确的起锯方向及角度 3. 碰到砂眼时应减小压力
锯齿很快磨钝	1. 锯割速度太快 2. 锯割时未加冷却液	1. 锯割速度适当减慢 2. 可选用冷却液

（2）锯割质量问题及产生原因和预防方法

锯割时产生废品的种类有工件尺寸锯小，锯缝歪斜超差，起锯时工件表面拉毛。

前两种废品产生的原因主要是锯条安装偏松，工件未夹紧而产生抖动和松动，推锯压力过大，换用新锯条后在旧锯缝中继续锯割；起锯时工件表面拉毛是超锯不当和速度太快而造成。预防方法是加强责任心，逐步掌握技术要领，提高技术水平。

实践操作

用锯弓锯割角铁、圆管、深缝、板料等。动作要领如下。

初学锯割，对锯割速度不易掌握，往往推拉速度过快，这样容易使锯条很快磨钝，一般以每分钟 20～40 次为宜。锯割软材料可快些，硬材料应慢些，速度过快锯条发热严重，容易磨损，同时，锯硬材料的压力应比锯软材料时大些。锯割行程应保持均匀，回程时因不进行切削，故可稍微提起锯弓，使锯齿在锯割面上轻轻滑过，速度可相对快些。在推锯时应使锯条的全部长度都利用到，若只集中于局部长度使用，则锯条的使用寿命相应缩短，工作效率也低，一般往复长度（即投入切削长度）不应少于锯条全长的 $\frac{2}{3}$。锯条安装松紧要适当，太松在锯割时易发生扭曲而折断，且锯缝也容易歪斜；太紧在锯割时易发生弯曲而崩断锯条。装好的锯条应与锯弓保持在同一中心面内，这样容易使锯缝正直。

锯割操作时的注意事项如下。

（1）锯条要装得松紧适当，锯割时不要突然用力过猛，防止工作中锯条折断从锯弓上崩出伤人。

（2）工件夹持要牢固，以免工件走动、锯缝歪斜、锯条折断。

（3）要经常注意锯缝的平直情况，如发现歪斜应及时纠正。歪斜过多，纠正困难，不能保证锯割的质量。

（4）工件将锯断时压力要小，避免压力过大使工件突然断开，手向前冲造成事故。一般工件将锯断时要用左手扶住工件断开部分，以免落下伤脚。

（5）在锯割钢件时，可加些机油，以减少锯条与工件的摩擦，提高锯条的使用寿命。

7.3.5 锉削

理论资讯

用锉刀对工件表面进行切削，使其达到零件图所要求的形状、尺寸和表面粗糙度，这种加工方法称为锉削。

锉削加工简便，工作范围广，多用于錾削、锯割之后。锉削可对工件上的平面、曲面、内外圆弧、沟槽以及其他复杂表面进行加工。锉削最高加工精度可达 IT7～IT8 级，表面粗糙度可达 $Ra=0.8\mu m$，可用于成形样板、模具型腔以及部件、机器装配时的工件修整，是钳工主要操作方法之一。

1. 锉刀

（1）锉刀的材料

锉刀是锉削的主要工具，常用碳素工具钢 T12、T13 制成，并经热处理淬硬至 62~67HRC。

（2）锉刀的组成

锉刀由锉刀面、锉刀边、锉刀舌、锉刀尾、木柄等部分组成，如图 7-50 所示。

（3）锉刀的种类和选用

① 锉刀的种类

按用途，锉刀可分为钳工锉、特种锉和整形锉三类。

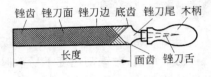

图 7-50　锉刀各部分的名称

钳工锉（见图 7-51）按其截面形状可分为平锉、方锉、圆锉、半圆锉和三角锉五种；按其长度可分100mm、150mm、200mm、250mm、300mm、350mm 及 400mm 等七种；按其齿纹可分单齿纹、双齿纹两种；按其齿纹粗细可分为粗齿、中齿、细齿、粗油光（双细齿）、细油光五种。

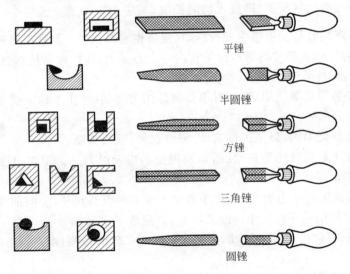

平锉

半圆锉

方锉

三角锉

圆锉

图 7-51　钳工锉

整形锉（见图 7-52）主要用于精细加工及修整工件上难以机加工的细小部位，由若干把各种截面形状的锉刀组成一套。

特种锉可用于加工零件上的特殊表面，它有直的、弯曲的两种，其截面形状很多，如图 7-53 所示。

② 锉刀的选用

合理选用锉刀对保证加工质量、提高工作效率和延长锉刀寿命有很大的影响。锉刀的一般选择原则是根据工件表面形状和加工面的大小选择锉刀的断面形状和规格，根据材料软硬、加工余量、精度和粗糙度的要求选择锉刀齿纹的粗细。

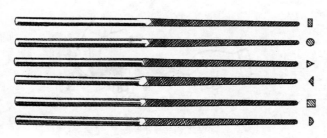

图 7-52　整形锉（什锦锉刀）

2. 锉削操作

（1）锉刀的握法

正确握持锉刀有助于提高锉削质量。根据锉刀大小和形状的不同,采用相应的握法。

① 大锉刀的握法

右手心抵着锉刀木柄的端头,大拇指放在锉刀木柄的上面,其余四指弯在下面,配合大拇指捏住锉刀木柄。左手则根据锉刀大小和用力的轻重,有多种姿势（见图 7-54）。

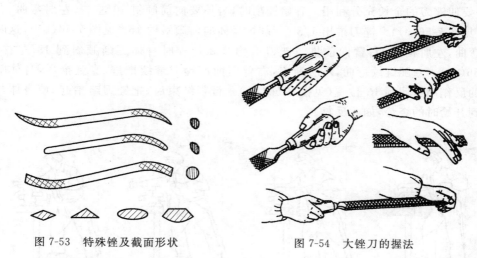

图 7-53　特殊锉及截面形状

图 7-54　大锉刀的握法

② 中锉刀的握法

右手握法与大锉刀握法相同,左手用大拇指和食指捏住锉刀前端（见图 7-55（a））。

③ 小锉刀的握法

右手食指伸直,拇指放在锉刀木柄上面,食指靠在锉刀的刀边,左手几个手指压在锉刀中部（见图 7-55（b））。

④ 更小锉刀（什锦锉）的握法

一般只用右手拿着锉刀,食指放在锉刀上面,拇指放在锉刀的左侧（见图 7-55（c））。

（2）锉削的姿势

正确的锉削姿势,能够减轻疲劳,提高锉削质量和效率。人站立的位置与錾削时基本相同,只是左腿弯曲,右腿伸直,身体向前倾斜,重心落在左腿上。

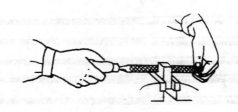

(a) 中锉刀的握法

(b) 小锉刀的握法

(c) 更小锉刀的握法

图 7-55　中小锉刀的握法

锉削时，两脚站稳不动，靠左膝的屈伸使身体作往复运动，手臂和身体的运动互相配合，并要使锉刀的全长充分利用。开始锉削时，身体要向前倾斜10°左右，左肘弯曲，右肘向后（见图 7-56(a)）。锉刀推出 1/3 行程时，身体向前倾斜约15°（见图 7-56(b)），这时左腿稍弯曲，左肘稍直，右臂向前推。锉刀推到 2/3 行程时身体逐渐倾斜到 18°左右（见图 7-56(c)）。左腿继续弯曲，左肘渐直，右臂向前使锉刀继续推进，直到推尽，身体随着锉刀的反作用退回到 15°位置（见图 7-56(d)）。行程结束后，把锉刀略抬起，使身体与手回复到开始时的姿势，如此反复。

(a) 开始锉削时

(b) 锉刀推出1/3行程时

(c) 锉刀推出2/3行程时

(d) 锉刀行程推尽时

图 7-56　锉削动作

（3）锉削力的运用

锉削时锉刀的平直运动是锉削的关键。锉削的力量有水平推力和垂直压力两种。推力主要由右手控制，其大小必须大于切削阻力才能锉去切屑，压力由两手控制，其作用是使锉齿深入金属表面。

由于锉刀两端伸出工件的长度在随时变化，因此两手压力大小也必须随着变化，使两手压力对工件中心的力矩相等，这是保证锉刀平直运动的关键。方法是随着锉刀的推进，左手压力应由大而逐渐减小，右手的压力则由小而逐渐增大，到中间时两手压力相等（见

图7-57）。这也是锉削平面时要掌握的技术要领。只有这样,才能使锉刀在工件的任意位置时,锉刀两端压力对工件中心的力矩保持平衡。否则,锉刀就不平衡,工件中间将会产生凸面或鼓形面。

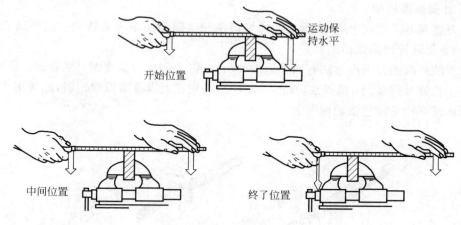

图 7-57　锉削时

锉削时,对锉刀的总压力不能太大,因为锉齿存屑空间有限,压力太大只能使锉刀磨损加快。但压力也不能过小而使锉刀打滑,达不到切削目的。一般是以在向前推进时手上有一种韧性感觉为适宜。

锉削速度一般为每分钟30～60次。太快,操作者容易疲劳,且锉齿易磨钝;太慢,切削效率低。

3. 锉削方法

（1）平面锉削

平面锉削是最基本的锉削,常用的方法有三种。

① 顺向锉法（见图7-58(a)）。锉刀沿工件表面横向或纵向移动,锉削平面可得到正直的锉痕,比较整齐美观。适用于工件锉光、锉平或锉顺锉纹。

② 交叉锉法（见图7-58(b)）。交叉锉法是以交叉的两方向顺序对工件进行锉削。由于锉痕是交叉的,容易判断锉削表面的不平程度,因而也容易把表面锉平。交叉锉法去屑较快,适用于平面的粗锉。

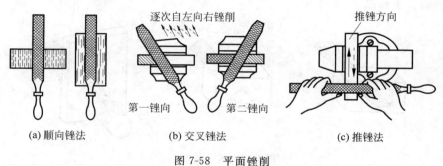

(a) 顺向锉法　　　　(b) 交叉锉法　　　　(c) 推锉法

图 7-58　平面锉削

③ 推锉法（见图7-58(c)）。两手对称地握住锉刀，用两大拇指推锉刀进行锉削。这种方法适用于较窄表面且已经锉平、加工余量很小的情况下修正尺寸和减小表面粗糙度。

（2）圆弧面（曲面）的锉削

① 外圆弧面锉削

锉刀要同时完成两个运动，锉刀的前推运动和绕圆弧面中心的转动。前推是完成锉削，转动是保证锉出圆弧面形状。

常用的外圆弧面锉削方法有两种。滚锉法（见图7-59(a)）是使锉刀顺着圆弧面锉削，此法用于精锉外圆弧面；横锉法（见图7-59(b)）是使锉刀横着圆弧面锉削，此法用于粗锉外圆弧面或不能用滚锉法的情况下。

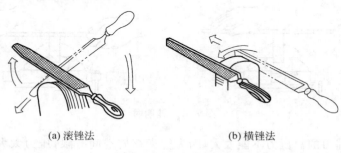

(a) 滚锉法   (b) 横锉法

图 7-59　外圆弧面锉削

② 内圆弧面锉削

内圆弧面锉削如图7-60所示，锉刀要同时完成三个运动。锉刀的前推运动、左右移动和自身的转动。否则锉不好内圆弧面。

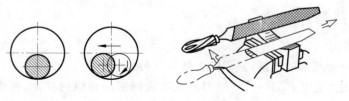

图 7-60　内圆弧面锉削

（3）通孔的锉削

根据通孔的形状、工件材料、加工余量、加工精度和表面粗糙度来选择所需的锉刀。通孔的锉削方法如图7-61所示。

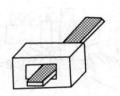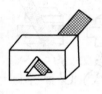

图 7-61　通孔的锉削

4. 锉削质量与质量检查

（1）锉削质量问题

① 平面中凸、塌边和塌角。由于操作不熟练，锉削力运用不当或锉刀选用不当造成。

② 形状、尺寸不准确。由于划线错误或锉削过程中没有及时检查工件尺寸造成。

③ 表面较粗糙。由于锉刀粗细选择不当或锉屑卡在锉齿间所造成。

④ 锉掉了不该锉的部分。由于锉削时锉刀打滑，或者没有注意带锉齿工作边和不带锉齿的光边而造成。

⑤ 工件夹坏。由于在虎钳上装夹不当而造成的。

（2）锉削质量检查

① 检查直线度。用钢尺和直角尺以透光法来检查（见图7-62(a)）。

② 检查垂直度。用直角尺采用透光法检查。应先选择基准面，然后对其他各面进行检查（见图7-62(b)）。

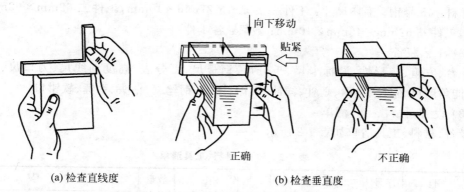

(a) 检查直线度   (b) 检查垂直度

图 7-62   用直角尺检查直线度和垂直度

③ 检查尺寸。用游标卡尺在全长不同的位置上测量几次。

④ 检查表面粗糙度。一般用眼睛观察即可。如要求准确，可用表面粗糙度样板对照检查。

 **实践操作**

（1）练习平面锉削。

（2）练习圆弧面锉削。

（3）练习通孔锉削。

动作要领如下。

操作时要把注意力集中在以下两个方面：一是操作姿势、动作要正确；二是两手用力方向、大小变化正确、熟练。要经常检查加工面的平面度和直线度情况，来判断和改进锉削时的施力变化，逐步掌握平面锉削的技能。

锉削操作时应注意事项如下。

（1）不准使用无柄锉刀锉削，以免被锉舌戳伤手。

（2）不准用嘴吹锉屑，以防锉屑飞入眼中。

（3）锉削时，锉刀柄不要碰撞工件，以免锉刀柄脱落伤人。

（4）放置锉刀时不要把锉刀露出钳台外面，以防锉刀掉落砸伤操作者。

（5）锉削时不可用手摸被挫过的工件表面，因手有油污会使锉削时锉刀打滑而造成事故。

（6）锉刀齿面塞积切屑后，用钢丝刷顺着锉纹方向刷去锉屑。

7.4 任务实施

1. 准备工作

（1）工件毛坯

材料：45 号钢；毛坯尺寸：工件一 27mm×27mm×10mm，工件二 62mm×62mm×10mm，工件三 62mm×40mm×10mm；数量：各 1 件。

（2）工艺装备

平台、方箱、V 形铁、游标卡尺、千分尺、钢板尺、百分表、高度划线尺、刀口尺、直角尺、万能角度尺、塞尺、验棒、划针、样冲、手锯、锉刀、钢丝刷、钻头、手锤、软钳口。

（3）设备、材料、工具清单

设备、材料、工具清单如表 7-2 所示。

表 7-2　设备、材料、工具清单

项　目	序号	名　称	作　用	数量	型　号
所用设备和刀具	1	台虎钳	加工工作地	1	200mm
	2	手锯	落料	1	
	3	扁锉刀	锉削	1	300mm
	4	扁锉刀	锉削	1	250mm
	5	扁锉刀	锉削	1	200mm
	6	扁锉刀	锉削	1	150mm
	7	组锉	锉削	1	一组
	8	三角锉	锉削	1	200mm
	9	圆形锉	锉削	1	150mm
	10	半圆锉	锉削	1	200mm
	11	钻头	钻孔	1	ϕ3mm
	12	手锤	打样冲孔	1	0.5kg
毛坯材料	1	45 号钢	毛坯材料	1	62mm×62mm×10mm
	2	45 号钢	毛坯材料	1	62mm×40mm×10mm
	3	45 号钢	毛坯材料	1	27mm×27mm×10mm

续表

项 目	序号	名 称	作 用	数量	型 号
所用工具、量具	1	平台	划线	1	1m
	2	方箱	划线	1	300mm
	3	V形铁	划线	1	
	4	游标卡尺	测量	1	0～150mm
	5	千分尺	测量	1	25～50mm
	6	千分尺	测量	1	50～75mm
	7	钢板尺	测量	1	150mm
	8	百分表	测量	1	0～10mm
	9	高度划线尺	划线	1	0.02mm
	10	刀口尺	检测	1	75mm
	11	直角尺	检测	1	63mm×40mm
	12	万能角度尺	检测	1	2分
	13	塞尺	测量	1	0.02～1mm
	14	验棒	测量	2	ϕ10mm
	15	钢丝刷	清洁锉刀	1	
	16	划针	划线	1	
	17	样冲	打样冲孔	1	

2. 加工步骤

（1）加工工件—四方形工件

① 锉削 A 面，先选用交叉锉法去除余量，粗锉结束，用顺向锉法进行精锉，如图 7-63 所示。

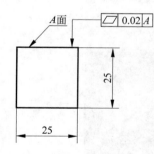

图 7-63 锉削 A 面

② 锯割 A 面对面，锉削 A 面对面，如图 7-64 所示。

③ 锉削 B 面，选择作为划线基准的两个垂直面作为锉削基准面，如图 7-65 所示。

④ 锯割 B 面对面，锉削 B 面对面，如图 7-66 所示。

（2）加工工件二凸燕尾

① 按照工件一四方形工件加工方法加工外四方形，单边留 0.05mm 左右余量做修整，如图 7-67 所示。

图 7-64　锉削 A 面对面(加工四方形)

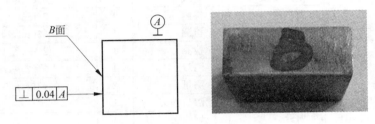

图 7-65　锉削 B 面(加工四方形)

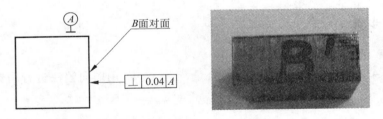

图 7-66　锉削 B 面对面(加工四方形)

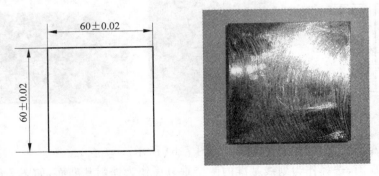

图 7-67　锉削四方形(加工凸燕尾)

② 划线,钻工艺孔,如图 7-68 所示。

③ 凹形体落料,粗锉凹形体单边留 0.2mm 左右余量。錾削时的锤击要稳、准、狠,动作要有节奏地进行,不要太快或太慢,如图 7-69 所示。

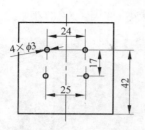

图 7-68　钻工艺孔（加工凸燕尾）

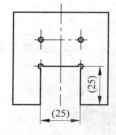

图 7-69　凹形体落料（加工凸燕尾）

④ 修整外四方形，达到精度要求，如图 7-70 所示。

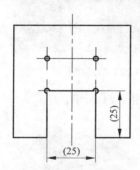

图 7-70　修整外四方形（加工凸燕尾）

⑤ 精锉凹形两侧面，控制两侧尺寸相等，并用工件一适配，达到配合要求，如图 7-71 所示。

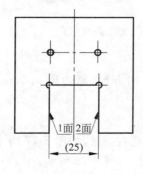

图 7-71　精锉凹形两侧面（加工凸燕尾）

⑥ 锉配凹形底面 3 面,达到配合直线度要求,如图 7-72 所示。

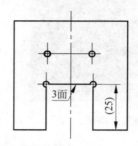

图 7-72　精锉凹形底面(加工凸燕尾)

⑦ 加工单侧燕尾,落料精锉单侧燕尾留 0.2mm 左右余量,先加工燕尾底面达到尺寸精度,再加工燕尾侧面达到尺寸精度,如图 7-73 所示。

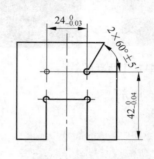

图 7-73　锉削单侧燕尾(加工凸燕尾)

⑧ 加工另一侧燕尾,同上达到尺寸精度,如图 7-74 所示。

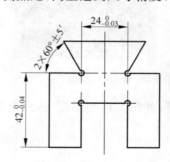

图 7-74　锉削另一侧燕尾(加工凸燕尾)

(3) 加工工件三凹燕尾

① 按照工件一四方形工件加工方法加工外四方形,单边留 0.05mm 左右余量做修整,如图 7-75 所示。

② 划线,钻工艺孔,如图 7-76 所示。

③ 凹燕尾落料,粗锉凹形体单边留 0.2mm 左右余量,如图 7-77 所示。

④ 锉配凹燕尾底 1 面,达到配合直线度要求,如图 7-78 所示。

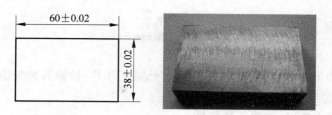

图 7-75 锉削四方形（加工凹燕尾）

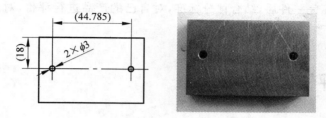

图 7-76 钻工艺孔（加工凹燕尾）

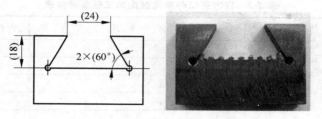

图 7-77 凹燕尾落料

图 7-78 锉配凹燕尾底面

⑤ 精锉凹燕尾两侧面，控制两侧尺寸相等，并用工件二适配，达到配合要求，如图 7-79 所示。

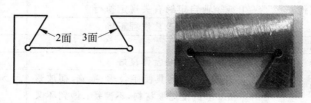

图 7-79 精锉凹燕尾两侧面

3. 结束工作

（1）自检

加工完毕，卸下工件，仔细测量各部分尺寸，装配工件，检验其装配精度。

（2）清理

工件上交，清点工具，收拾工作场地。

（3）评价

每位同学加工完一件后，结合评分标准，对自己的产品进行评价，对出现的质量问题分析原因，并找出改进措施。

7.5　任务评价

四方开口与燕尾锉配加工任务评分表如表 7-3 所示。

表 7-3　四方开口与燕尾锉配加工任务评分表

评价类别	评价项目	评价标准	评价配分	评价得分
专业能力	四方形工件	$25_{-0.03}^{0}$ mm	5	
		$25_{-0.03}^{0}$ mm	5	
	凸燕尾	(62 ± 0.02) mm	5	
		(60 ± 0.02) mm	5	
		$42_{-0.04}^{0}$ mm	5	
		$24_{-0.03}^{0}$ mm	5	
		$2\times60°\pm5'$	5	
	凹燕尾	(60 ± 0.02) mm	5	
		(38 ± 0.02) mm	5	
	倒角、毛刺	各倒边处无毛刺、有倒角	5	
	工具、设备的使用与维护	正确、规范使用工具、量具、刃具，合理保养与维护工具、量具、刃具	5	
		正确、规范地使用设备，合理保养维护设备	5	
		操作姿势正确，动作规范	5	
	安全及其他	安全文明生产，按国家颁布的有关法规或企业自定的有关规定执行	5	
		操作方法及工艺规程正确	5	
	完成时间	12h	5	
社会能力	团队协作	小组成员之间合作良好	5	
	职业意识	工具、夹具、量具使用合理、准确，摆放整齐；节约使用原材料，不浪费；做到环保	5	
	敬业精神	遵守纪律，具有爱岗敬业、吃苦耐劳精神	5	
方法能力	计划与决策	计划和决策能力较好	5	

任务 8 小台虎钳加工

8.1 任务目标

(1) 能利用划线工具立体划线。
(2) 掌握台式钻床的使用。
(3) 掌握钻孔加工方法。
(4) 掌握扩孔加工方法。
(5) 掌握锪孔加工方法。
(6) 掌握攻螺纹加工方法。
(7) 掌握套螺纹加工方法。
(8) 掌握螺钉装配技巧。
(9) 掌握装配误差分析。

8.2 任务描述

1. 工作任务——小台虎钳加工

加工如图 8-1～图 8-4 所示的小台虎钳。
工件一为钳身,如图 8-1 所示。
工件二为燕尾,如图 8-2 所示。
工件三为钳口座,如图 8-3 所示。
工件四为螺纹杆,如图 8-4 所示。
装配图如图 8-5 所示。

2. 工艺分析

通过对图纸的分析,确定主要加工技巧为立体划线、孔类加工和简单装配,对立体划线和孔类加工进行练习达到技术要求。安排小台虎钳加工工艺,对工件进行立体划线,锯割、锉削加工达到技术要求,对工件中的孔系进行钻孔、铰孔和攻丝等加工,对工件进行测量,使小台虎钳达到装配要求并讨论总结。

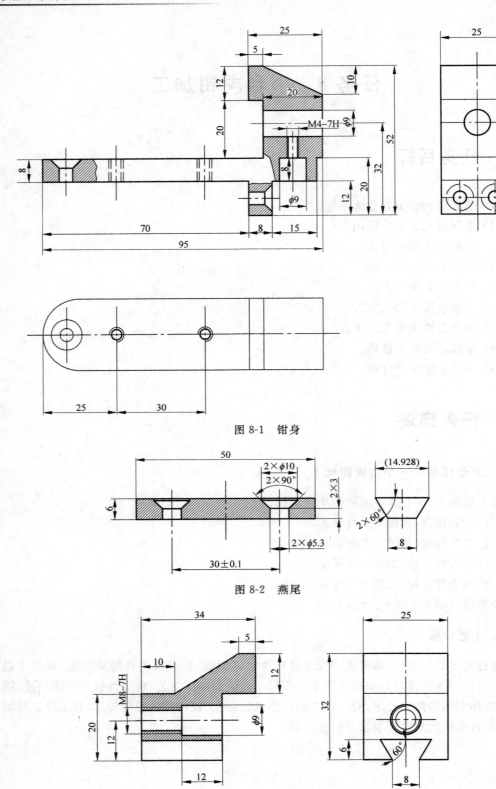

图 8-1　钳身

图 8-2　燕尾

图 8-3　钳口座

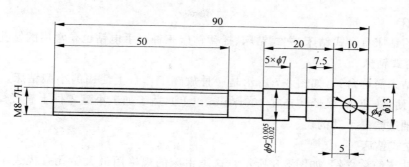

图 8-4 螺纹杆

图 8-5 小台虎钳

8.3 知识探究

钻孔、扩孔和铰孔

 理论资讯

各种零件上的孔加工，除去一部分由车、镗、铣等机床完成外，很大一部分是由钳工利用各种钻床和钻孔工具完成的。钳工加工孔的方法一般指钻孔、扩孔和铰孔。

1. 钻孔

用钻头在实心工件上加工孔叫钻孔。钻孔的加工精度一般在 IT10 级以下，表面粗糙度约为 $Ra=1.25\mu m$。

一般情况下，孔加工刀具（钻头）应同时完成两个运动，如图 8-6 所示。1 是主运动，即刀具绕轴线的旋转运动（切削运动），2 是辅助运动，即刀具沿着轴线方向对着工件的直线运动（进给运动）。

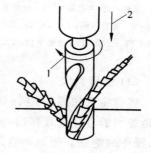

图 8-6 钻孔时钻头的运动

1）钻床

常用的钻床有台式钻床、立式钻床、摇臂钻床三种。手电钻也是常用的钻孔工具。

（1）台式钻床

台式钻床简称台钻，如图 8-7 所示是一种放在工作台上使用的小型钻床。台钻重量轻，移动方便，转速高（最低转速在 400r/min 以上），适于加工小型零件上直径≤13mm 的小孔。主轴进给是手动的。

（2）立式钻床

立式钻床简称立钻，如图 8-8 所示。这类钻床的规格用最大钻孔直径表示。常用的有 25mm、35mm、40mm 和 50mm 等几种。与台钻相比，立钻刚性好，功率大，因而允许采用较高的切削用量，生产效率较高，加工精度也较高。主轴的转速和走刀量变化范围大，且可以自动走刀，可以适应不同的刀具进行钻孔、扩孔、锪孔、铰孔、攻螺纹等多种加工。立钻适用于单件、小批量生产中加工中、小型零件。

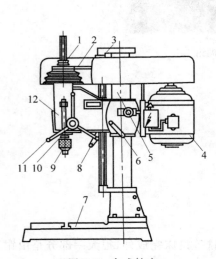

图 8-7　台式钻床

1. 塔轮；2. 三角胶带；3. 丝杆架；4. 电动机；5. 立柱；6. 锁紧手柄；7. 工作台；8. 升降手柄；9. 钻夹头；10. 主轴；11. 进给手柄；12. 头架

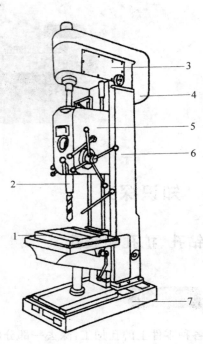

图 8-8　立式钻床

1. 工作台；2. 主轴；3. 主轴变速箱；4. 电动机；5. 进给箱；6. 立柱；7. 机座

（3）摇臂钻床

摇臂钻床如图 8-9 所示。这类钻床机构完善，它有一个能绕立柱旋转的摇臂，摇臂带主轴箱可沿立柱垂直移动，同时主轴箱还能在摇臂上作横向移动。由于结构上的这些特点，操作时能很方便地调整刀具位置，以对准被加工孔的中心，而不需移动工件来进行加工。此外，主轴转速范围和走刀量范围很大，因此适用于笨重、大工件及多孔工件的加工。

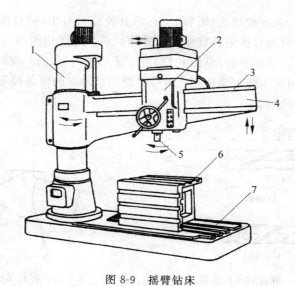

图 8-9　摇臂钻床

1. 立柱；2. 主轴箱；3. 摇臂导轨；4. 摇臂；5. 主轴；6. 工作台；7. 机座

（4）手电钻

手电钻如图 8-10 所示。主要用于钻直径 12mm 以下的孔。常用于不使用钻床钻孔的场合。手电钻的电源有 220V 和 380V 两种。手电钻携带方便，操作简单，使用灵活，应用比较广泛。

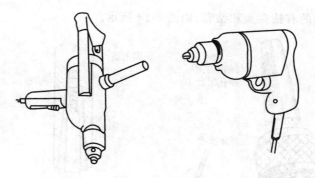

图 8-10　手电钻

2）钻头

钻头是钻孔用的主要刀具，用高速钢制造，工作部分经热处理淬硬至 62～65HRC。它由柄部、颈部及工作部分组成，如图 8-11 所示。

（1）柄部。柄部是钻头的夹持部分，起传递动力的作用，有直柄和锥柄两种。直柄传递扭矩力较小，一般用在直径小于 12mm 的钻头，锥柄可传递较大扭矩，用在直径大于 12mm 的钻头。锥柄顶部是扁尾，起传递扭矩作用。

（2）颈部。颈部是在制造钻头时砂轮磨削退刀用的，钻头直径、材料、厂标一般也刻在颈部。

（3）工作部分。工作部分包括导向部分与切削部分。导向部分有两条狭长的、螺旋形的、高出齿背 0.5~1mm 的棱边(刃带)。它的直径前大后小,略有倒锥度,可以减少钻头与孔壁间的摩擦。两条对称的螺旋槽用来排除切屑和输送切削液。整个导向部分也是切削部分的后备部分。切削部分(见图 8-12)有三条切削刃(刀刃);前刀面和后刀面相交形成两条主切削刃,担负主要切削作用;两后刀面相交形成的两条棱刃(副切削刃),起修光孔壁的作用。

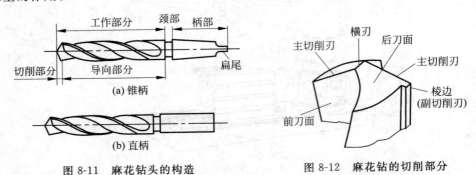

图 8-11 麻花钻头的构造   图 8-12 麻花钻的切削部分

切削部分的几何角度主要有前角 γ、后角 α、顶角 2ϕ、螺旋角 ω、横刃斜角 ψ。其中顶角 2ϕ 是两个主切削刃之间的夹角,一般取 $118°\pm2°$。

3) 钻孔用的夹具

钻孔用的夹具主要包括钻头夹具和工件夹具两种。

(1) 钻头夹具

钻头夹具常用的有钻夹头和钻套,如图 8-13 所示。

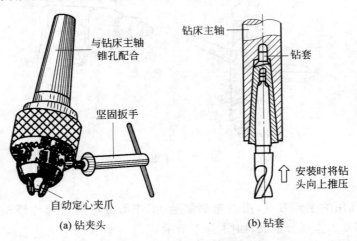

图 8-13 钻夹头及钻套

钻夹头适用于装夹直柄钻头。其柄部是圆锥面,可以与钻床主轴内锥孔配合安装,头部三个夹爪有同时张开或合拢的功能,钻头的装夹与拆卸都很方便。

钻套又称过渡套筒,用于装夹锥柄钻头。由于锥柄钻头柄部的锥度与钻床主轴内锥孔不一致,为使其配合安装,把钻套作为锥体过渡件。钻套一端锥孔接钻头锥柄,另一端外锥面接钻床主轴内锥孔。钻套依其内外锥锥度的不同分为 5 个号(1~5),例如,2 号钻套其内锥孔为 2 号莫氏锥度,外锥面为 3 号莫氏锥度。可根据钻头锥柄和钻床主轴内锥孔锥度来选用。

（2）工件夹具

工件夹具应根据钻孔直径和工件形状来合理使用。装夹工件要牢固可靠,但又不能将工件夹得过紧而损伤工件,或使工件变形影响钻孔质量。常用的夹具有手虎钳,平口钳、V 形铁和压板等。

对于薄壁工件和小工件,常用手虎钳夹持（见图 8-14(a)）；平口钳用于中小型平整工件的夹持（见图 8-14(b)）；对于轴或套筒类工件可用 V 形铁夹持（见图 8-14(c)）,并和压板配合使用；对不适于用虎钳夹紧,或要钻大直径孔的工件,可用压板、螺栓直接固定在钻床工作台上（见图 8-14(d)）。在成批和大量生产中广泛应用钻模夹具。应用钻模钻孔时,可免去划线工作,提高生产效率,钻孔精度可提高一级,粗糙度也有所减小。

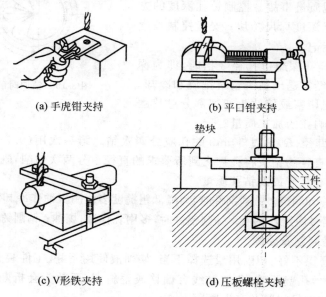

(a) 手虎钳夹持　　　　　　　　　　(b) 平口钳夹持

(c) V形铁夹持　　　　　　　　　　(d) 压板螺栓夹持

图 8-14　工件夹持方法

4）钻孔操作

（1）切削用量的选择

钻孔切削用量是指钻头切削速度、进给量和切削深度的总称。切削用量越大,单位时间内切除金属越多,生产效率越高。但切削用量受钻床功率、钻头强度、钻头耐用度、工件精度等许多因素的限制,不能任意提高。因此,合理选择切削用量直接关系到钻孔生产率、钻孔质量和钻头的寿命。通过分析可知,对钻孔生产率的影响,切削速度和进给量是相同的；对钻头耐用度的影响,切削速度比进给量大；对钻孔粗糙度的影响,进给量比切削速度大。综上所述可知,钻孔时选择切削用量的基本原则：在允许范围内,尽量先选较大的进给量,当进给量受孔表面粗糙度和钻头刚度的限制时,再考虑较大的切削速度。钻孔实践中已积累了大量的有关选择切削用量的经验,并经过科学总结制成了切削用量表,供钻孔时使用,可自行查阅。

（2）操作方法

操作方法的正确与否，直接影响钻孔的质量和操作安全。

① 按划线位置钻孔。工件上的孔径圆和检查圆均需打上样冲眼作为加工界线，中心眼应打大一些。钻孔时，先用钻头在孔的中心锪一小窝（占孔径的 1/4 左右），检查小窝与所划圆是否同心。如稍偏离，可用样冲将中心冲大矫正或移动工件借正。若偏离较多，可用窄錾在偏斜相反方向凿几条槽再钻，便可逐渐将偏斜部分矫正过来，如图 8-15 所示。

② 钻通孔。在孔将被钻透时，进给量要减小，变自动进给为手动进给，避免钻头在钻穿的瞬间抖动，出现"啃刀"现象，影响加工质量，损坏钻头，甚至发生事故。

③ 钻盲孔（不通孔）。要注意掌握钻孔深度，以免将孔钻深出现质量事故。控制钻孔深度的方法有调整好钻床上深度标尺挡块；安置控制长度量具或用粉笔作标记。

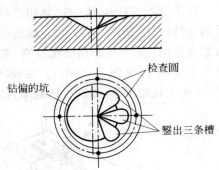

检查圆

钻偏的坑

錾出三条槽

图 8-15　钻偏时的纠正方法

④ 钻深孔。当孔深超过孔径 3 倍时，即为深孔。钻深孔时，要经常退出钻头及时排屑和冷却，否则容易造成切屑堵塞或使钻头切削部分过热磨损甚至折断，并影响孔的加工质量。

⑤ 钻大孔。直径（D）超过 30mm 的孔应分两次钻。第一次用（0.5～0.7）D 的钻头先钻，然后用所需直径的钻头将孔扩大到所要求的直径。分两次钻削，既有利于钻头的使用（负荷分担），也有利于提高钻孔质量。

⑥ 钻削时的冷却润滑。钻削钢件时，为降低粗糙度多使用机油作冷却润滑液（切削液），为提高生产效率则多使用乳化液。钻削铝件时，多用乳化液、煤油；钻削铸铁件则用煤油。

（3）钻孔质量问题及原因

由于钻头刃磨得不好、切削用量选择不当、切削液使用不好、工件装夹不善等原因，会使钻出的孔径偏大，孔壁粗糙，孔的轴线有偏移或歪斜，甚至钻头会折断。表 8-1 列出了钻孔时可能出现的质量问题及产生原因。

表 8-1　钻孔时可能出现的质量问题及产生原因

问 题 类 型	产 生 原 因
孔径偏大	1. 钻头两主切削刃长度不等，顶角不对称 2. 钻头摆动
孔壁粗糙	1. 钻头不锋利 2. 后角太大 3. 进给量太大 4. 切削液选择不当，或切削液供给不足
孔偏移	1. 工件划线不正确 2. 工件安装不当或夹紧不牢固 3. 钻头横刃太长，对不准样冲眼 4. 开始钻孔时，孔钻偏而没有借正

续表

问题类型	产　生　原　因
孔歪斜	1. 钻头与工件表面不垂直,钻床主轴与台面不垂直 2. 横刃太长,轴向力太大,钻头变形 3. 钻头弯曲 4. 进给量过大,致使小直径钻头弯曲
钻头工作部分折断	1. 钻头磨钝,仍继续钻孔 2. 钻头螺旋槽被切屑堵塞,没有及时排屑 3. 孔快钻通时,没有减少进给量 4. 在钻黄铜一类软金属时,钻头后角太大,前角又没修磨,钻头自动旋进
切削刃迅速磨损或碎裂	1. 切削速度太高,切削液选用不当和切削液供给不足 2. 没有按工件材料刃磨钻头角度(如后角过大) 3. 工件材料内部硬度不均匀,有砂眼 4. 进给量太大
工件装夹表面轧毛或损坏	1. 用作夹持的工件已加工表面上没有衬垫铜皮或铝皮 2. 夹紧力太大

2. 扩孔和铰孔

（1）扩孔

扩孔用以扩大已加工出的孔（铸出、锻出或钻出的孔）。它可以校正孔的轴线偏差,并使其获得较正确的几何形状和较小的表面粗糙度,其加工精度一般为 IT9～IT10 级,表面粗糙度 $Ra = 3.2～6.3\mu m$。扩孔可作为要求不高的孔的最终加工,也可作为精加工（如铰孔）前的预加工。扩孔加工余量为 0.5～4mm。

一般用麻花钻作扩孔钻。在扩孔精度要求较高或生产批量较大时,还采用专用扩孔钻扩孔。扩孔钻和麻花钻相似,不同的是它有 3～4 条切削刃,但无横刃,其顶端是平的,螺旋槽较浅,故钻芯粗实、刚性好,不易变形,导向性能好。由于切削平稳,经扩孔后能提高孔的加工质量。图 8-16 所示为扩孔钻及用扩孔钻扩孔时的情形。

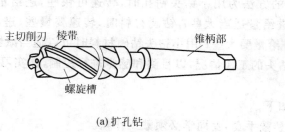
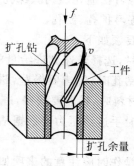

(a) 扩孔钻　　　　　　　　　　(b) 扩孔

图 8-16　扩孔钻与扩孔

（2）铰孔

铰孔是用铰刀从工件壁上切除微量金属层,以提高其尺寸精度和表面质量的方法。铰孔的加工精度可高达 IT6～IT7 级;表面粗糙度 $Ra=0.4～0.8\mu m$。

铰刀是多刃切削刀具,有 6～12 个切削刃,铰孔时,导向性好。由于刀齿的齿槽很浅,铰刀的横截面大,因此刚性好。铰刀按使用方法分为手用和机用两种,按所铰孔的形状分为圆柱形和圆锥形两种,如图 8-17 所示。

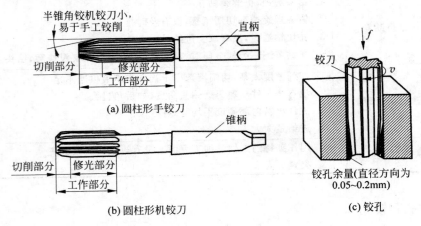

图 8-17　铰刀和铰孔

铰孔因余量很小,且切削刃的前角 $\gamma=0°$,所以铰削实际上是修刮过程。特别是手工铰孔时,切削速度很低,不会受到切削热和振动的影响,故铰孔是对孔进行精加工的一种方法。铰孔时铰刀不能倒转,否则切屑会卡在孔壁和切削刃之间,而使孔壁划伤或切削刃崩裂。如采用冷却润滑液,孔壁表面粗糙度将更小(见图 8-17(c))。

钳工常遇到的锥销孔铰削,一般采用相应孔径的圆锥手用铰刀进行。

实践操作

（1）练习钻通孔、盲孔、深孔。

（2）练习扩孔、铰孔。

动作要领如下。

钻孔时,选择转速和进给量的方法为用小钻头钻孔时,转速可快些,进给量要小些;用大钻头钻孔时,转速要慢些,进给量适当大些;钻硬材料时,转速要慢些,进给量要小些;钻软材料时,转速要快些,进给量要大些;用小钻头钻硬材料时可以适当减慢速度。

钻孔时手进给压力要根据钻头的工作情况,以目测和感觉进行控制,在实习中应注意掌握。

钻孔操作时应注意的事项如下。

（1）操作者衣袖要扎紧,严禁戴手套,女同学必须戴工作帽。

（2）工件夹紧必须牢固。孔将钻穿时要尽量减小进给力。

（3）先停车后变速。用钻夹头装夹钻头,要用钻夹头紧固扳手,不要用扁铁和手锤敲

击,以免损坏夹头。

（4）不准用手拉或嘴吹钻屑,以防钻屑伤手和伤眼。

（5）钻通孔时,工件底面应放垫块,或将钻头对准工作台的 T 形槽。

（6）使用电钻时应注意用电安全。

手工铰孔时,两手用力要均匀,平稳,不得有侧向压力,避免孔口成喇叭形或将孔径扩大。铰刀退出时,不能反转,防止刃口磨损及切屑嵌入刀具与孔壁之间,而将孔壁划伤。

8.4 任务实施

1. 准备工作

（1）工件毛坯

材料:45 号圆钢;毛坯尺寸:钳身 100mm×60mm×20mm,钳口座 40mm×38mm×20mm,燕尾 42mm×20mm×6mm,螺纹杆 ϕ8mm,螺钉 M3×8mm;数量:各 1 件。

（2）工艺装备

平台、方箱、V 形铁、游标卡尺、千分尺、钢板尺、高度划线尺、刀口尺、直角尺、万能角度尺、R 规、划针、样冲、手锯、锉刀、钢丝刷、钻头、扩孔钻、锪孔钻、丝锥、板牙、手锤、软钳口。

（3）设备、材料、工具清单

设备、材料、工具清单如表 8-2 所示。

表 8-2 设备、材料、工具清单

项 目	序号	名 称	作 用	数量	型 号
所用设备和刀具	1	台虎钳	加工工作地	1	200mm
	2	台式钻床	加工工作地	1	
	3	手锯	落料	1	
	4	扁锉刀	锉削	1	300mm
	5	扁锉刀	锉削	1	250mm
	6	扁锉刀	锉削	1	200mm
	7	扁锉刀	锉削	1	150mm
	8	组锉	锉削	1	一组
	9	三角锉	锉削	1	200mm
	10	圆形锉	锉削	1	150mm
	11	半圆锉	锉削	1	200mm
	12	钻头	钻孔	1	ϕ6mm
	13	扩孔钻	扩孔	1	ϕ9mm
	14	锪孔钻	锪孔	1	ϕ11mm
	15	丝锥	攻丝	1	M4、M5、M8
	16	板牙	套丝	1	M8
	17	手锤	打样冲孔	1	0.5kg
	18	螺钉	标准件	8	M3、M4、M5

续表

项 目	序号	名 称	作 用	数量	型 号
毛坯材料	1	45 号钢	毛坯材料	1	100mm×60mm×20mm
	2	45 号钢	毛坯材料	1	40mm×38mm×20mm
	3	45 号钢	毛坯材料	1	42mm×20mm×6mm
	4	45 号钢	毛坯材料	1	φ14mm
所用工具、量具	1	平台	划线	1	1m
	2	方箱	划线	1	300mm
	3	V 形铁	划线	1	
	4	游标卡尺	测量	1	0～150mm
	5	千分尺	测量	1	25～50mm
	6	千分尺	测量	1	50～75mm
	7	百分表	测量	1	0～10mm
	8	钢板尺	测量	1	150mm
	9	高度划线尺	划线	1	0.02mm
	10	刀口尺	检测	1	75mm
	11	直角尺	检测	1	63mm×40mm
	12	万能角度尺	检测	1	2分
	13	R 规	检测	1	R25
	14	钢丝刷	清洁锉刀	1	
	15	划针	划线	1	
	16	样冲	打样冲孔	1	
	17	软钳口	夹持工件	1	

2. 加工步骤

（1）加工钳身

① 按照四方形工件加工方法加工外四方形并划线，如图 8-18 所示。

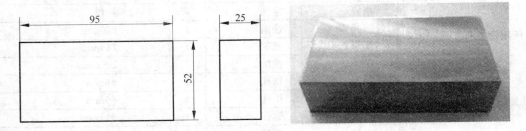

图 8-18　锉削四方形（加工钳身）

② 落料加工 1、2、3、4 面，如图 8-19 所示。

③ 落料加工 5、6 面，如图 8-20 所示。

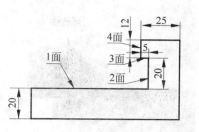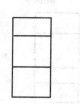

图 8-19 锉削钳身内形

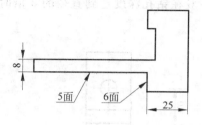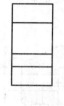

图 8-20 锉削钳身底部

④ 落料加工 7、8 面，如图 8-21 所示。

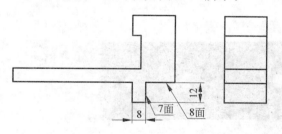

图 8-21 锉削钳身底右侧

⑤ 落料加工 9、10 面，如图 8-22 所示。

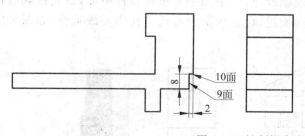

图 8-22 锉削钳身右侧

⑥ 落料加工 11 面，如图 8-23 所示。

⑦ 划线确定孔心，打样冲孔。

⑧ 钻孔，当起钻达到钻孔位置要求后，可压进工件进行钻孔。手动进给钻孔时，进给

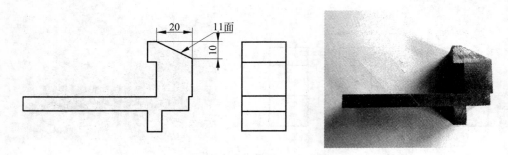

图 8-23　锉削钳身上部

力不宜过大,以防止钻头发生弯曲,使孔轴线歪斜。一般在钻孔深度达到直径的 3 倍时,一定要退钻排屑,如图 8-24 所示。

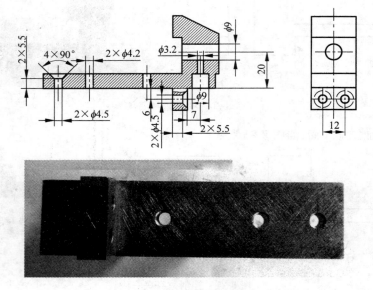

图 8-24　钻孔(加工钳身)

⑨ 攻丝,用头攻起攻时,尽量把丝锥放正,一手用手掌按住铰杠中部,沿丝锥轴线加压,另一手配合转动铰杠,使丝锥顺向旋进,保证丝锥中心线与孔中心线重合,如图 8-25 所示。

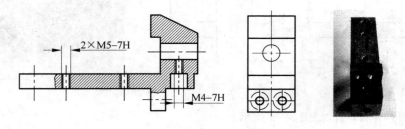

图 8-25　攻丝(加工钳身)

⑩ 锉削外面圆弧面,锉刀做前进运动的同时,还因绕工件圆弧的中心做摆动。摆动时,右手把锉刀炳部往下压,左手把锉刀前端向上提,这样锉刀的原弧面不会出现有棱边的现象,如图 8-26 所示。

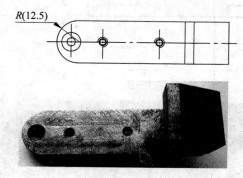

图 8-26 锉削外面圆弧面

(2)加工燕尾

① 按照四方形工件加工方法加工外四方形,如图 8-27 所示。

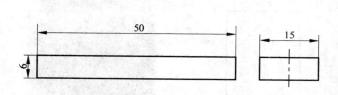

图 8-27 锉削四方形(加工燕尾)

② 按照燕尾形工件加工方法加工燕尾,如图 8-28 所示。

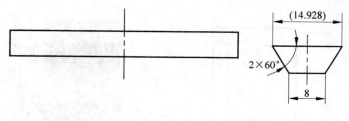

图 8-28 加工燕尾

③ 划线确定孔心,打样冲孔。

④ 钻孔,如图 8-29 所示。

⑤ 攻丝。

(3)加工钳口座

① 按照四方形工件加工方法加工外四方形,如图 8-30 所示。

② 立体划线。

③ 落料加工 1、2 面,如图 8-31 所示。

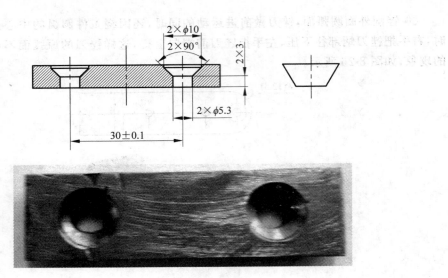

图 8-29　钻孔（加工燕尾）

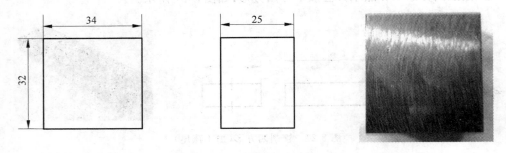

图 8-30　锉削四方形（加工钳口座）

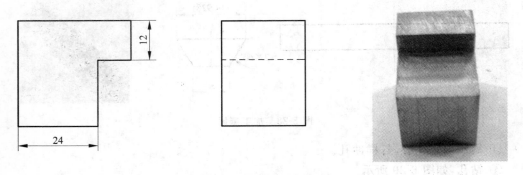

图 8-31　锉削钳口座轮廓

④ 按照燕尾形工件加工方法加工内燕尾，如图 8-32 所示。

⑤ 落料加工 3、4 面，如图 8-33 所示。

⑥ 划线确定孔心，打样冲孔。

⑦ 钻孔，如图 8-34 所示。

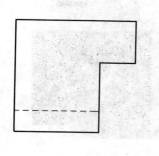
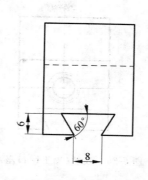

图 8-32　锉削钳口座燕尾

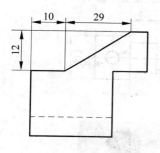
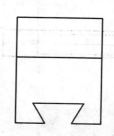

图 8-33　锉削钳口座上部

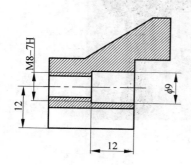
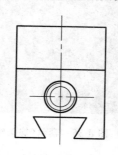

图 8-34　钻孔（加工钳口座）

⑧ 攻丝，如图 8-35 所示。

（4）加工螺纹杆

套丝转动要慢，压力大，并保证板牙端面与圆杆轴线垂直。套螺纹时，应停止施加轴向压力，让板牙自然引进，以免损坏螺纹和板牙，并经常反转以断屑，如图 8-36 所示。

（5）装配

将钳身、钳口座、燕尾和螺纹杆装配成虎钳。

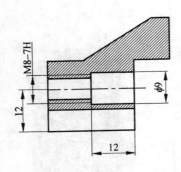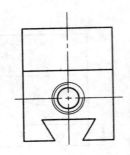

图 8-35 攻丝(加工钳口座)

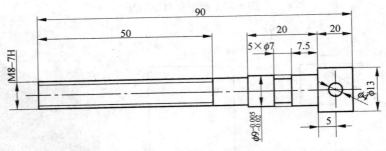

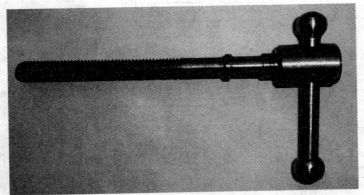

图 8-36 套丝(加工螺纹杆)

3. 结束工作

(1)自检

加工完毕,卸下工件,仔细测量各部分尺寸,装配工件,检验其装配精度。

(2)清理

工件上交,清点工具,收拾工作场地。

(3)评价

每位同学加工完一件后,结合评分标准,对自己的产品进行评价,对出现的质量问题分析原因,并找出改进措施。

8.5 任务评价

小台虎钳加工任务评分表如表 8-3 所示。

表 8-3 小台虎钳加工任务评分表

评价类别	评价项目	评价标准	评价配分	评价得分
专业能力	钳口座	34mm	5	
		20mm	5	
	钳身	25mm	5	
		52mm	5	
		12mm	5	
		20mm	5	
	燕尾	50mm	5	
		2×60°	5	
	螺纹杆	M8−7H	5	
	倒角、毛刺	各倒边处无毛刺、有倒角	5	
	工具、设备的使用与维护	正确、规范使用工具、量具、刃具,合理保养与维护工具、量具、刃具	5	
		正确、规范地使用设备,合理保养维护设备	5	
		操作姿势正确,动作规范	5	
	安全及其他	安全文明生产,按国家颁布的有关法规或企业自定的有关规定执行	5	
		操作方法及工艺规程正确	5	
	完成时间	16h	5	
社会能力	团队协作	小组成员之间合作良好	5	
	职业意识	工具、夹具、量具使用合理、准确,摆放整齐;节约使用原材料,不浪费;做到环保	5	
	敬业精神	遵守纪律,具有爱岗敬业、吃苦耐劳精神	5	
方法能力	计划与决策	计划和决策能力较好	5	

任务 9　钻床夹具加工

9.1　任务目标

（1）掌握锉削、锯割、平面划线、立体划线、孔类加工等组合加工。
（2）掌握铰孔加工方法。
（3）掌握各种扳手的使用。
（4）掌握销的正确安装。
（5）掌握简单装配要领。
（6）对组件进行工艺分析。
（7）掌握相互位置精度的检测方法。

9.2　任务描述

1. 工作任务——钻床夹具加工

加工如图 9-1～图 9-4 所示的钻床夹具。
工件一为墙板，如图 9-1 所示。

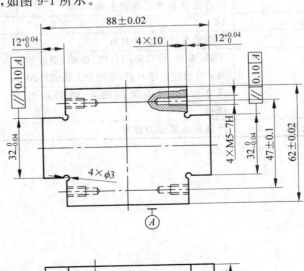

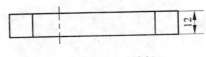

图 9-1　墙板

工件二为底板,如图 9-2 所示。

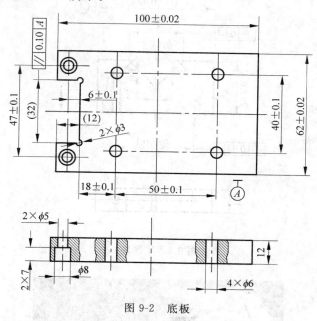

图 9-2　底板

工件三为钻模板,如图 9-3 所示。

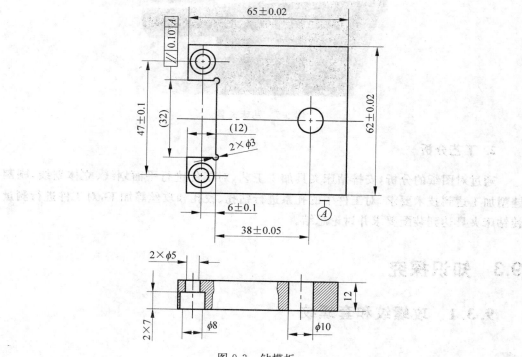

图 9-3　钻模板

工件四为 V 形块,如图 9-4 所示。

装配图如图 9-5 所示。

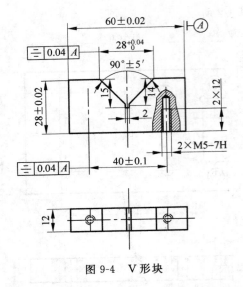

图 9-4　V 形块

图 9-5　钻床夹具

2. 工艺分析

通过对图纸的分析,安排钻床夹具加工工艺,对工件进行平面划线、立体划线,剧割、锉削加工达到技术要求,对工件中的孔系进行钻孔、铰孔和攻丝等加工,对工件进行测量,使钻床夹具达到装配要求并讨论总结。

9.3　知识探究

9.3.1　攻螺纹和套螺纹

 理论资讯

工件圆柱表面上的螺纹称为外螺纹;工件圆柱孔内侧面上的螺纹为内螺纹。

　　常用的三角形螺纹工件,其螺纹除采用机械加工外,还可以用钳加工方法的攻螺纹和套螺纹获得。攻螺纹(攻丝)是用丝锥加工出内螺纹。套螺纹(套丝)是用板牙在圆杆上加工出外螺纹。

1．攻螺纹

　　(1) 丝锥和铰手(铰杠)

　　① 丝锥

　　丝锥是专门用来加工小直径内螺纹的成形刀具(见图9-6)。一般用合金工具钢9SiCr制造,并经热处理淬硬。它的基本结构形状像一个螺钉,轴向有几条容屑槽,相应地形成几瓣刀刃(切削刃),由工作部分和柄部组成,其中工作部分由切削部分与校准部分组成。

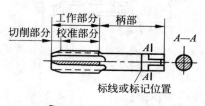

　　切削部分常磨成圆锥形,以便使切削负荷分配在几个刀齿上,其作用是切去孔内螺纹牙间的金属。校准部分的作用是修光螺纹和引导丝锥。丝锥上有3～4条容屑槽,便于容屑和排屑。柄部为方头,其作用是与铰手相配合并传递扭矩。

　　丝锥分手用丝锥和机用丝锥两种。为了减少切削力和提高丝锥使用寿命,常将整个切削量分配给几支丝锥来完成。一般是两支或三支组成一套,分头锥、二锥或三锥,它们的圆锥斜角(κ_r)各不相等,校准部分的外径也不相同,所负担的切削工作量分配,头锥为60%(或75%)、二锥为30%(或25%)、三锥为10%。

图9-6　丝锥的结构

　　② 铰杠(铰手)

　　铰杠是用来夹持丝锥的工具(见图9-7)。常用的是可调式铰杠,旋动右边手柄,即可调节方孔的大小,以便夹持不同尺寸的丝锥。铰杠长度应根据丝锥尺寸大小进行选择,以便控制攻螺纹时的施力(扭矩),防止丝锥因施力不当而折断。

方孔　可调部分

图9-7　铰杠

　　(2) 攻螺纹前钻底孔直径和深度的确定

　　丝锥主要是切削金属,但也有挤压金属的作用。加工塑性好的材料时,挤压作用尤其显著。因此攻螺纹前的底孔直径(即钻孔直径)必须大于螺纹标准中规定的螺纹内径。确定底孔钻头直径d_0的方法,可采用查表法(见有关手册资料)确定,或用下列经验公式计算:

对钢料及韧性金属有　　　　　　　$d_0 \approx d - P$

对铸铁及脆性金属有　　　　　　　$d_0 \approx d - (1.05 \sim 1.1)P$

式中：d_0 为底孔直径；d 为螺纹公称直径；P 为螺距。

攻盲孔（不通孔）的螺纹时，因丝锥不能攻到底，所以孔的深度要大于螺纹长度，盲孔深度可按下列公式计算：

$$孔的深度 = 所需螺孔深度 + 0.7d$$

（3）攻螺纹的操作方法

先将螺纹钻孔端面孔口倒角，以利于丝锥切入。开始时用头锥攻螺纹，先旋入 1~

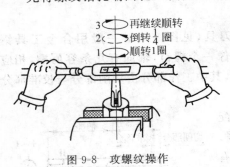

图 9-8 攻螺纹操作

2 圈，检查丝锥是否与孔端面垂直（可用目测或直角尺在互相垂直的两个方向检查），然后继续使铰杠轻压旋入。当丝锥的切削部分已经切入工件后，可只转动而不加压，每转一圈应反转 1/4 圈，以便切屑断落（见图 9-8）。攻完头锥再继续攻二锥、三锥。每更换一锥，先要旋入 1~2 圈，扶正定位，再用铰杠，以防乱扣。攻钢料工件时，加机油润滑可使螺纹光洁，并能延长丝锥使用寿命；对铸铁件，可加煤油润滑。

2. 套螺纹

（1）板牙和板牙架

① 板牙。板牙是加工外螺纹的刀具，由合金工具钢 9SiCr 制成并经热处理淬硬，其外形像一个圆螺母，只是上面钻有几个排屑孔，并形成刀刃（见图 9-9（a））。

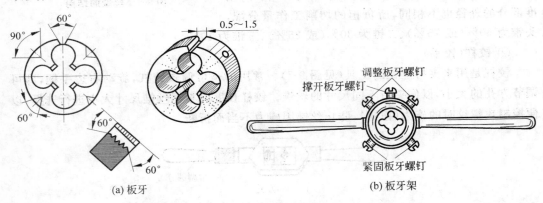

（a）板牙　　　　　　　　　　　　　　（b）板牙架

图 9-9 板牙和板牙架

板牙由切削部分、定径部分、排屑孔（一般有 3~4 个）组成。排屑孔的两端有 60°的锥度，起主要的切削作用。定径部分起修光作用。板牙的外圆有一条深槽和四个锥坑，锥坑用于定位和紧固板牙，当板牙的定径部分磨损后，可用片状砂轮沿槽将板牙切割开，借助调紧螺钉将板牙直径缩小。

② 板牙架。板牙架是用来夹持板牙、传递扭矩的工具。板牙是装在板牙架上使用的（见图 9-9（b））。工具厂按板牙外径规格制造了各种配套的板牙架供选用。

（2）套螺纹前圆杆直径的确定

圆杆外径太大,板牙难以套入;太小,套出的螺纹牙形不完整。因此,圆杆直径应稍小于螺纹公称尺寸。

计算圆杆直径的经验公式为

$$圆杆直径 \approx 螺纹外径 - 0.13P$$

（3）套螺纹的操作方法

套螺纹的圆杆端部应倒角（见图 9-10(a)）,使板牙容易对准工件中心,同时也容易切入。工件伸出钳口的长度,在不影响螺纹要求长度的前提下,应尽量短些。套螺纹过程与攻螺纹相似（见图 9-10(b)）。板牙端面应与圆杆垂直,操作时用力要均匀。开始转动板牙时,要稍加压力;套入三、四扣后,可只转动不加压,并经常反转,以便断屑。

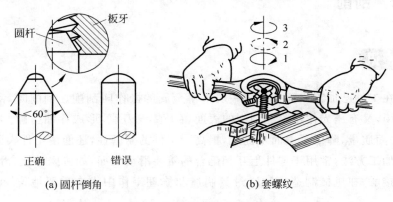

| (a) 圆杆倒角 | (b) 套螺纹 |

图 9-10 圆干倒角和套螺纹

 **实践操作**

（1）根据要求计算底孔直径并在钢件、铸件上钻底孔、攻螺纹。

（2）按图 9-11 所示双头螺柱计算圆杆直径,并在圆杆上套螺纹。

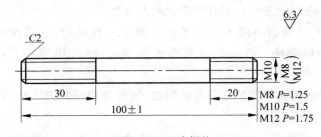

图 9-11 双头螺柱

动作要领如下。

起攻、起套要从前后、左右两个方向观察与检查,及时进行垂直度的找正。这是保证攻螺纹、套螺纹质量的重要操作步骤。特别是套螺纹,由于板牙切削部分圆锥角较大,起套的导向性较差,容易产生板牙端面与圆杆轴心线不垂直的情况,造成烂牙（乱扣）,甚至不能继续切削。起攻、起套操作正确、两手用力均匀及掌握好最大用力限度是攻螺纹、套螺纹的基本功之一,必须用心掌握。

攻螺纹及套螺纹的注意事项如下。

(1)攻螺纹(套螺纹)已经感到很费力时,不可强行转动,应将丝锥(板牙)倒退出,清理切屑后再攻(套)。

(2)攻制不通螺孔时,应注意丝锥是否已经接触到孔底,此时如继续硬攻,就会折断丝锥。

(3)使用成组丝锥,要按头锥、二锥、三锥依次取用。

9.3.2 刮削

用刮刀在工件已加工表面上刮去一层很薄金属的操作叫刮削。刮削时,刮刀对工件既有切削作用,又有压光作用。经刮削的表面留下微浅刀痕,形成存油空隙,减少摩擦阻力,改善了表面质量,降低了表面粗糙度,提高了工件的耐磨性,还能使工件表面美观。刮削是一种精加工方法,常用于零件上互相配合的重要滑动表面,如机床导轨、滑动轴承等,以使其均匀接触,在机械制造、工具、量具制造和修理工作中占有重要地位,得到广泛的应用。

刮削的缺点是生产率低,劳动强度大。

1. 刮削用工具

(1)刮刀

刮刀一般用碳素工具钢 T10A～T12A 或轴承钢锻成,也有的刮刀头部焊上硬质合金用以刮削硬金属。刮刀分为平面刮刀和曲面刮刀两类。

① 平面刮刀。平面刮刀用于刮削平面。刮刀有普通刮刀(见图 9-12(a))和活头刮刀(见图 9-12(b))两种。活头刮刀除机械夹固外,还可用焊接方法将刀头焊在刀杆上。

平面刮刀按所刮表面精度又可分为粗刮刀、细刮刀和精刮刀三种,其头部形状(刮削刃的角度)如图 9-13 所示。

② 曲面刮刀。曲面刮刀用来刮削内弧面(主要是滑动轴承的轴瓦)。曲面刮刀式样很多(见图 9-14),其中以三角刮刀最常见。

(2)校准工具

校准工具有两个作用:一是用来与刮削表面磨合,以接触点子的多少和分布的疏密程度来显示刮削表面的平整程度,提供刮削的依据;二是用来检验刮削表面的精度。

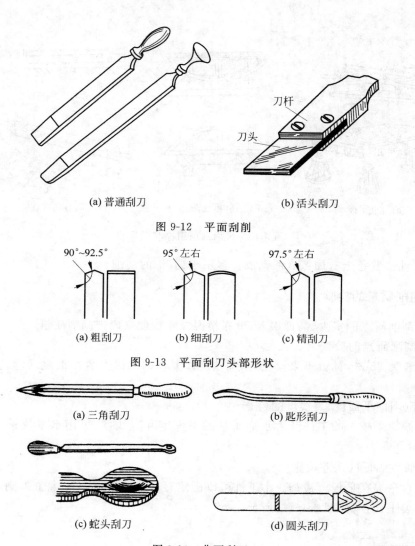

(a) 普通刮刀　　　　　　　　　(b) 活头刮刀

刀杆
刀头

图 9-12　平面刮削

90°~92.5°　　　95°左右　　　97.5°左右

(a) 粗刮刀　　　(b) 细刮刀　　　(c) 精刮刀

图 9-13　平面刮刀头部形状

(a) 三角刮刀　　　　　　　　　(b) 匙形刮刀

(c) 蛇头刮刀　　　　　　　　　(d) 圆头刮刀

图 9-14　曲面刮刀

　　刮削平面的校准工具(见图 9-15)有校准平板(检验和磨合宽平面用的工具,桥式直尺)、工字形直尺(检验和磨合长而窄平面用的工具)、角度直尺(用来检验和磨合燕尾形或V形面的工具)。

　　刮削内圆弧面时,常采用与之相配合的轴作为校准工具。如无现成轴时,可自制一根标准心轴作为校准工具。

　　(3) 显示剂

　　显示剂是为了显示刮削表面与标准表面间贴合程度而涂抹的一种辅助材料。显示剂应具有色泽鲜明、颗粒极细、扩散容易、对工件没有磨损及无腐蚀性等特点,且要价廉易得。目前常用的显示剂及用途如下。

　　① 红丹粉。氧化铁和氧化铝加机油调成。前者呈紫红色,后者呈橘黄色。多用于铸铁和钢的刮削,使用最为广泛。

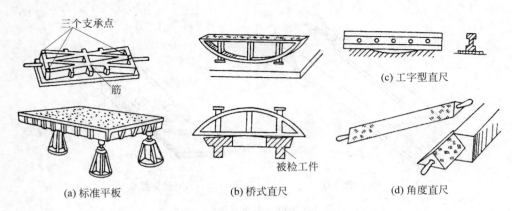

图 9-15　平面刮削用校准工具

② 蓝油。普鲁士蓝加蓖麻油调成。多用于铜、铝的刮削。

2. 刮削质量的检验

根据刮削研点的多少、高低误差、分布情况及粗糙度来确定刮削质量。

（1）刮削研点的检查

用边长为 25mm 的方框来检查，刮削精度以方框内的研点数目来表示，如图 9-16（a）所示。

（2）刮削面平面度、直线度的检查

机床导轨等较长的工件及大平面工件的平面度和直线度，可用水平仪进行检查，如图 9-16（b）所示。

（3）研点高低的误差检查

可用百分表在平板上检查。小工件可以固定百分表，移动工件、大工件则固定工件，移动百分表来检查，如图 9-16（c）所示。

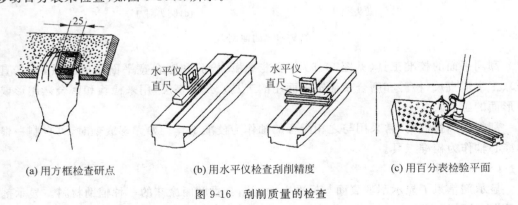

(a) 用方框检查研点　　　(b) 用水平仪检查刮削精度　　　(c) 用百分表检验平面

图 9-16　刮削质量的检查

3. 平面刮削

（1）刮削方式

刮削方式分挺刮式和手刮式两种。

① 挺刮式。将刮刀柄放在小腹右下侧,距刀刃 80～100mm 处,双手握住刀身,用腿部和臂部的力量使刮刀向前挤刮。当刮刀开始向前挤时,双手加压力在推挤中的瞬间,右手引导刮刀方向,左手控制刮削,到需要长度时,将刮刀提起,如图 9-17(a)所示。

② 手刮式。右手握刀柄,左手握住刮刀于近头部约 50mm 处,刮刀与刮削平面成 25°～30°,刮削时右臂向前推,左手向下压并引导刮刀方向,双手动作与挺刮式相似,如图 9-17(b)所示。

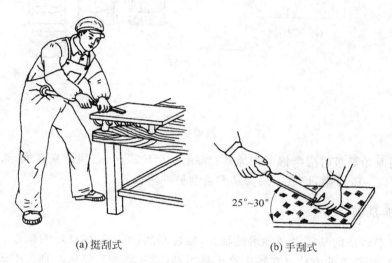

(a) 挺刮式   (b) 手刮式

图 9-17 平面刮削方式

(2) 刮削步骤

① 粗刮。若工件表面比较粗糙、加工痕迹较深或表面严重生锈、不平或扭曲,刮削余量在0.05mm 以上时,应先粗刮。其特点是采用长刮刀,行程较长(10～15mm 之间),刀痕较宽(10mm),刮刀痕迹顺向,成片不重复。机械加工的刀痕刮除后,即可研点,并按显出的高点刮削,当工件表面研点每 25mm×25mm 上为 4～6 点,并留有细刮加工余量时,可开始细刮。

② 细刮。细刮是将粗刮后的高点刮去,其特点是采用短刮法(刀痕宽约 6mm,长 5～10mm),分散研点快。细刮时要朝着一定方向刮,刮完一遍,刮第二遍时要成 45°或 60°方向交叉刮网纹。当平均研点每 25mm×25mm 上为 10～14 点时,即可结束。

③ 精刮。精刮在细刮的基础上进行,采用小刮刀或带圆弧的精刮刀,刀痕宽约 4mm。平面研点每 25mm×25mm 上达 20～25 点。用于检验工具、精密导轨面、精密工具接触面的刮削。

④ 刮花。刮花的作用一是美观;二是有积存润滑油的功能。一般常见的花纹有斜花纹、燕形花纹和鱼鳞花纹等。此外,还可通过观察原花纹的完整和消失的情况来判断平面工作后的磨损程度。

（3）原始平板刮削方法

刮削原始平板一般采用渐近法，即不用标准平板，而以三块平板依次循环互刮来达到平板的平面度。这是一种传统的刮研方法，整个刮削过程如图 9-18 所示。

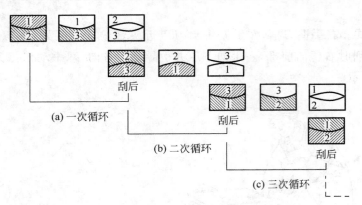

图 9-18　原始平面刮削方法

在刮削原始平板时应掌握下列原则：每刮一个阶段后，必须改变基准，否则不能提高其精度；在每一阶段中，均以一块为基准去刮另外两块。

4. 曲面刮削

对于要求较高的某些滑动轴承的轴瓦，通过刮削，可以得到良好的配合。刮削轴瓦时用三角刮刀，刮研点的方法是在轴上涂上显示剂（常用蓝油），然后与轴瓦配研。曲面刮削原理和平面刮削一样，只是曲面刮削使用的刀具和掌握刀具的方法与平面刮削不同，如图 9-19 所示。

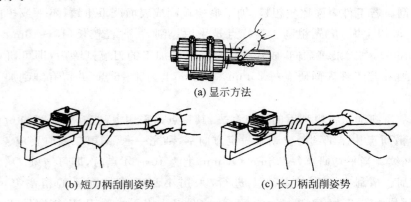

(a) 显示方法

(b) 短刀柄刮削姿势　　　　　　　　(c) 长刀柄刮削姿势

图 9-19　内曲面的显示方法与刮削姿势

5. 刮削质量问题及产生原因分析

刮削中常见的质量问题有深凹痕、振痕、丝纹和表面形状不精确等。其产生原因如表 9-1 所示。

表 9-1　刮削中常见质量问题及产生原因分析

常见质量问题	产生原因
深凹痕(刮削表面有很深的凹坑)	1. 刮削时,刮刀倾斜 2. 用力太大 3. 刃口弧形刃磨得过小
振痕(刮削表面有一种连续性波浪纹)	1. 刮削方向单一 2. 表面阻力不均匀 3. 推刮行程太长引起刀杆颤动
丝纹(刮削表面有粗糙纹路)	1. 刃口不锋利 2. 刃口部分较粗糙
尺寸和形状精度 达不到要求	1. 显示研点时推磨压力不均匀,校准工具悬空伸出工件太多 2. 校准工具偏小,与研刮平面相差太大,致使所显点子不真实,造成错刮 3. 检验工具本身不正确 4. 工件放置不稳当

实践操作

在平板上进行刮削和精度检验(刮点 10～12 点/25mm×25mm)。

动作要领如下。

(1) 工件安放的高度要适当,一般低于腰部。

(2) 刮削姿势要正确,力量发挥要好,刮入控制正确,刮点准确合理,不产生明显的振痕和起刀、落刀痕迹。

(3) 用力要均匀,刮刀的角度、位置要准确。刮削方向要常调换,成网纹形进行,避免产生振痕。

(4) 涂抹显示剂要薄而均匀。厚薄不匀会影响工件表面显示研点的正确性。

(5) 推磨研具时,推研力量要均匀。悬空部分不应超过研具本身长度的 1/4,以防失去重心掉落伤人。

9.4　任务实施

1. 准备工作

(1) 工件毛坯

材料:45 号钢;毛坯尺寸:墙板 90mm×64mm×12mm,底板 102mm×64mm×12mm,钻模板 64mm×52mm×12mm,V 形块 62mm×30mm×12mm,螺钉 M8;数量:各 1 件。

(2) 工艺装备

平台、方箱、V 形铁、游标卡尺、千分尺、钢板尺、高度划线尺、刀口尺、直角尺、万能角度尺、丝锥、划针、样冲、手锯、锉刀、钢丝刷、钻头、铰刀、手锤、软钳口、销。

（3）设备、材料、工具清单

设备、材料、工具清单如表 9-2 所示。

表 9-2 设备、材料、工具清单

项　　目	序号	名　称	作　用	数量	型　　号
所用设备和刀具	1	台虎钳	加工工作地	1	200mm
	2	台式钻床	加工工作地	1	
	3	手锯	落料	1	
	4	扁锉刀	锉削	1	300mm
	5	扁锉刀	锉削	1	250mm
	6	扁锉刀	锉削	1	200mm
	7	扁锉刀	锉削	1	150mm
	8	组锉	锉削	1	一组
	9	三角锉	锉削	1	200mm
	10	圆形锉	锉削	1	150mm
	11	钻头	钻孔	1	ϕ3mm
	12	钻头	钻头	1	ϕ4.3mm
	13	丝锥	攻丝	1	M5
	14	手锤	打样冲孔	1	0.5kg
毛坯材料	1	45 号钢	毛坯材料	1	90mm×64mm×12mm
	2	45 号钢	毛坯材料	1	102mm×64mm×12mm
	3	45 号钢	毛坯材料	1	64mm×52mm×12mm
	4	45 号钢	毛坯材料	1	62mm×30mm×12mm
所用工具、量具	1	平台	划线	1	1m
	2	方箱	划线	1	300mm
	3	V 形铁	划线	1	
	4	游标卡尺	测量	1	0～150mm
	5	千分尺	测量	1	25～50mm
	6	千分尺	测量	1	50～75mm
	7	百分表	测量	1	0～10mm
	8	钢板尺	测量	1	150mm
	9	高度划线尺	划线	1	0.02mm
	10	刀口尺	检测	1	75mm
	11	直角尺	检测	1	63mm×40mm
	12	万能角度尺	检测	1	2分
	13	划针	划线	1	
	14	样冲	打样冲孔	1	

2．加工步骤

1）加工墙板

（1）按照四方形工件加工方法加工外四方形，如图 9-20 所示。

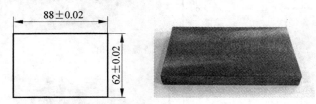

图 9-20　锉削四方形（加工墙板）

（2）划线，钻工艺孔，如图 9-21 所示。

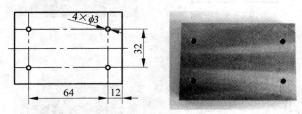

图 9-21　钻工艺孔（加工墙板）

（3）落料加工 1、2 面，如图 9-22 所示。

图 9-22　加工墙板第一角

（4）落料加工 3、4 面，如图 9-23 所示。

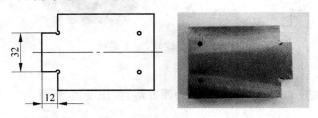

图 9-23　加工墙板第二角

（5）落料加工 5、6 面，如图 9-24 所示。

（6）落料加工 7、8 面，如图 9-25 所示。

（7）划线确定孔心，打样冲孔。

（8）钻孔，如图 9-26 所示。

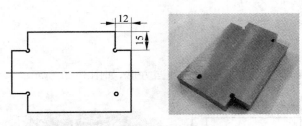

图 9-24　加工墙板第三角

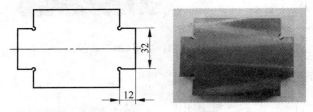

图 9-25　加工墙板第四角

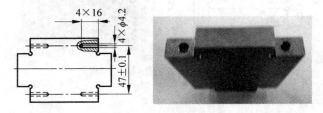

图 9-26　钻孔(加工墙板)

（9）攻丝，如图 9-27 所示。

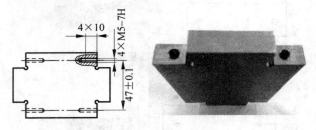

图 9-27　攻丝(加工墙板)

2）加工底板

（1）按照四方形工件加工方法加工外四方形，如图 9-28 所示。

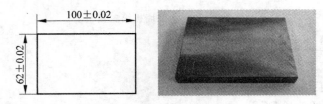

图 9-28　锉削四方形(加工底板)

（2）划线，钻工艺孔，如图 9-29 所示。

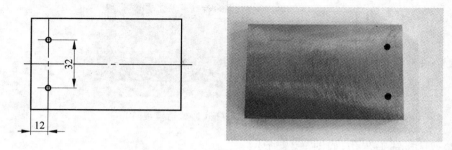

图 9-29　钻工艺孔（加工底板）

（3）落料加工 1、2、3 面，如图 9-30 所示。

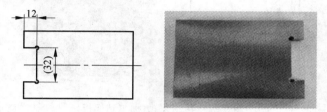

图 9-30　配做轮廓（加工底板）

（4）划线确定孔心，打样冲孔。

（5）钻孔，如图 9-31 所示。

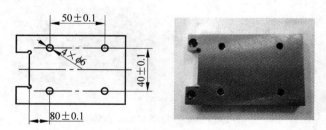

图 9-31　钻孔（加工底板）

（6）攻丝，如图 9-32 所示。

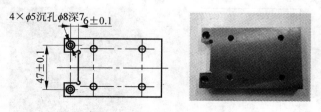

图 9-32　攻丝（加工底板）

3）加工钻模板

（1）按照四方形工件加工方法加工外四方形，如图 9-33 所示。

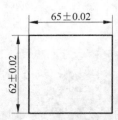

图 9-33　锉削四方形（加工钻模板）

（2）划线，钻工艺孔，如图 9-34 所示。

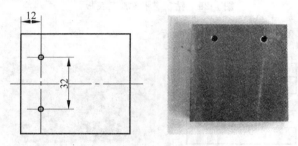

图 9-34　钻工艺孔（加工钻模板）

（3）落料加工 1、2、3 面，如图 9-35 所示。

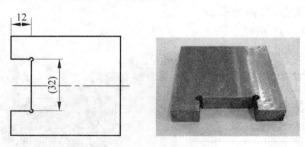

图 9-35　配做轮廓（加工钻模板）

（4）划线确定孔心，打样冲孔。

（5）钻孔攻丝，如图 9-36 所示。

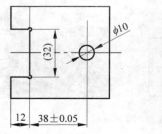

图 9-36　钻孔攻丝

4）加工 V 形块

（1）按照四方形工件加工方法加工外四方形，如图 9-37 所示。

图 9-37　锉削四方形（加工 V 形块）

（2）划线。

（3）落料加工 1、2 面，如图 9-38 所示。

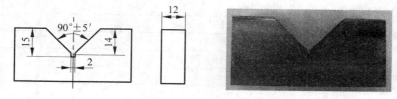

图 9-38　加工 V 轮廓

（4）划线确定孔心，打样冲孔。

（5）钻孔，如图 9-39 所示。

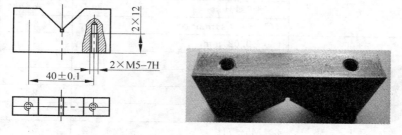

图 9-39　钻孔（加工 V 形块）

5）将墙板、底板、钻模板和 V 形块装配钻夹具

3. 结束工作

（1）自检

加工完毕，卸下工件，仔细测量各部分尺寸，装配工件，检验其装配精度。

（2）清理

工件上交，清点工具，收拾工作场地。

（3）评价

每位同学加工完一件后，结合评分标准，对自己的产品进行评价，对出现的质量问题分析原因，并找出改进措施。

9.5　任务评价

钻床夹具加工任务评分表如表 9-3 所示。

表 9-3　钻床夹具加工任务评分表

评价类别	评价项目	评 价 标 准	评价配分	评价得分
专业能力	墙板	(88 ± 0.02)mm	2	
		(62 ± 0.02)mm	2	
		(47 ± 0.1)mm	2	
		$32_{-0.04}^{0}$mm	2	
		$12_{0}^{+0.04}$mm	2	
		$4\times M5-7H$	2	
	底板	(100 ± 0.02)mm	4	
		(62 ± 0.02)mm	4	
		(40 ± 0.1)mm	4	
		(50 ± 0.1)mm	4	
		$4\times\phi6$mm	4	
	钻模板	(65 ± 0.02)mm	2	
		(62 ± 0.02)mm	2	
		(38 ± 0.05)mm	2	
		(47 ± 0.1)mm	2	
		$\phi(10\pm0.02)$mm	2	
	V 形块	(60 ± 0.02)mm	2	
		(28 ± 0.02)mm	2	
		$90°\pm5'$	2	
		$28_{0}^{+0.04}$mm	2	
		(40 ± 0.1)mm	2	
		$2\times M5-7H$	2	
	倒角、毛刺	各倒边处无毛刺、有倒角	2	
	工具、设备的使用与维护	正确、规范使用工具、量具、刃具,合理保养与维护工具、量具、刃具	3	
		正确、规范地使用设备,合理保养维护设备	5	
		操作姿势正确,动作规范	3	
	安全及其他	安全文明生产,按国家颁布的有关法规或企业自定的有关规定执行	5	
		操作方法及工艺规程正确	5	
	完成时间	24h	3	
社会能力	团队协作	小组成员之间合作良好	5	
	职业意识	工具、夹具、量具使用合理、准确,摆放整齐;节约使用原材料,不浪费;做到环保	5	
	敬业精神	遵守纪律,具有爱岗敬业、吃苦耐劳精神	5	
方法能力	计划与决策	计划和决策能力较好	5	

参 考 文 献

[1] 王宝刚.机械制造应用技术[M].北京：北京理工大学出版社,2012.
[2] 高美兰.金工实习[M].北京：机械工业出版社,2007.
[3] 赵岩铁.公差配合与技术测量[M].北京：北京航空航天大学出版社,2012.
[4] 鞠加彬.机械工程材料[M].北京：北京航空航天大学出版社,2011.
[5] 陈宏钧.车工操作技能手册[M].北京：机械工业出版社,2007.
[6] 袁桂萍.车工工艺与技能训练[M].北京：中国劳动社会保障出版社,2007.
[7] 徐鸿本,沈其文.金工实习[M].武汉：华中科技大学出版社,2005.
[8] 金禧德.金工实习[M].北京：高等教育出版社,2007.
[9] 杨若凡.金工实习[M].北京：高等教育出版社,2005.
[10] 隗东伟.机械工程材料与热加工基础[M].北京：北京航空航天大学出版社,2008.
[11] 技术制图与机械制图[S].北京：中国标准出版社,1996.
[12] GB/T 1800.1—1997 公差标准[S].北京：中国标准出版社,1998.
[13] GB/T 16675.1～16675.2—1996 技术制图[S].北京：中国标准出版社,1997.